模具制造专业
国家技能人才培养
工学一体化课程标准

人力资源社会保障部

中国劳动社会保障出版社

图书在版编目（CIP）数据

模具制造专业国家技能人才培养工学一体化课程标准 / 人力资源社会保障部编. —— 北京：中国劳动社会保障出版社，2023

ISBN 978-7-5167-6208-0

Ⅰ.①模…　Ⅱ.①人…　Ⅲ.①模具–制造–人才培养–课程标准–技工学校–教学参考资料　Ⅳ.①TG760.6

中国国家版本馆 CIP 数据核字（2023）第 233229 号

中国劳动社会保障出版社出版发行

（北京市惠新东街 1 号　邮政编码：100029）

*

北京市艺辉印刷有限公司印刷装订　　新华书店经销

787 毫米 ×1092 毫米　16 开本　5.75 印张　129 千字

2023 年 12 月第 1 版　　2023 年 12 月第 1 次印刷

定价：18.00 元

营销中心电话：400-606-6496

出版社网址：http://www.class.com.cn

http://jg.class.com.cn

人力资源社会保障部办公厅关于印发 31 个专业国家技能人才培养工学一体化课程标准和课程设置方案的通知

人社厅函〔2023〕152 号

各省、自治区、直辖市及新疆生产建设兵团人力资源社会保障厅（局）：

为贯彻落实《技工教育"十四五"规划》（人社部发〔2021〕86 号）和《推进技工院校工学一体化技能人才培养模式实施方案》（人社部函〔2022〕20 号），我部组织制定了 31 个专业国家技能人才培养工学一体化课程标准和课程设置方案（31 个专业目录见附件），现予以印发。请根据国家技能人才培养工学一体化课程标准和课程设置方案，指导技工院校规范设置课程并组织实施教学，推动人才培养模式变革，进一步提升技能人才培养质量。

附件：31 个专业目录

人力资源社会保障部办公厅

2023 年 11 月 13 日

31 个专业目录

（按专业代码排序）

1. 机床切削加工（车工）专业
2. 数控加工（数控车工）专业
3. 数控机床装配与维修专业
4. 机械设备装配与自动控制专业
5. 模具制造专业
6. 焊接加工专业
7. 机电设备安装与维修专业
8. 机电一体化技术专业
9. 电气自动化设备安装与维修专业
10. 楼宇自动控制设备安装与维护专业
11. 工业机器人应用与维护专业
12. 电子技术应用专业
13. 电梯工程技术专业
14. 计算机网络应用专业
15. 计算机应用与维修专业
16. 汽车维修专业
17. 汽车钣金与涂装专业
18. 工程机械运用与维修专业
19. 现代物流专业
20. 城市轨道交通运输与管理专业
21. 新能源汽车检测与维修专业
22. 无人机应用技术专业
23. 烹饪（中式烹调）专业
24. 电子商务专业
25. 化工工艺专业
26. 建筑施工专业
27. 服装设计与制作专业
28. 食品加工与检验专业
29. 工业设计专业
30. 平面设计专业
31. 环境保护与检测专业

说　明

为贯彻落实《推进技工院校工学一体化技能人才培养模式实施方案》，促进技工院校教学质量提升，推动技工院校特色发展，依据《〈国家技能人才培养工学一体化课程标准〉开发技术规程》，人力资源社会保障部组织有关专家制定了《模具制造专业国家技能人才培养工学一体化课程标准》。

本课程标准的开发工作由人力资源社会保障部技工教育和职业培训教材工作委员会办公室、智能制造与智能装备类技工教育和职业培训教学指导委员会共同组织实施。具体开发单位有：组长单位江苏省常州技师学院，参与单位（按照笔画排序）广东省机械技师学院、广西机电技师学院、天津市电子信息技师学院、北京市工业技师学院、成都市技师学院、江苏省盐城技师学院、承德技师学院、徐州工程机械技师学院、湖北东风汽车技师学院。主要开发人员有：陈立群、赵钱、刘帆、张静、徐燕、黄达辉、严金荣、周仕超、巫志华、朱勇、张爱美、熊军权、贾大虎、何国旺、王美珍、袁长勇、管学龙、杨辉、蒋炜、李攀攀、刘文芳、郭伟等，其中赵钱、刘帆为主要执笔人。此外，常州精佳精密模具有限公司方海舟、常州华威模具有限公司刘海月等作为企业专家，协助开发单位共同完成了本专业培养目标的确定、典型工作任务的提炼和描述等工作。

本课程标准的评审专家有：广州市工贸技师学院李红强、浙江建设技师学院钱正海、临沂市技师学院张鑫、广州市工贸技师学院陈志佳、北京市工业技师学院包英华、江苏省盐城技师学院姚小强、湖南工贸技师学院贺红妮、北京市工贸技师学院李凤波、临沂市技师学院崔兆华、广州市机电技师学院周海蔚、宁波技师学院张良、呼伦贝尔技师学院王建国、淄博市技师学院孔凡宝、海南省技师学院余水晶、广东省机械技师学院林金盛、杭州中测科技有限公司陆军华、天津安卡尔精密机械科技有限公司许石英。

在本课程标准的开发过程中，中国人力资源和社会保障出版集团提供了技术支持并承担了编辑出版工作。此外，在本课程标准的试用过程中，技工院校一线教师、相关领域专家等提出了很好的意见建议，在此一并表示诚挚的谢意。

本课程标准业经人力资源社会保障部批准，自公布之日起执行。

目　录

一、专业信息

（一）专业名称

模具制造

（二）专业编码

模具制造专业中级：0117-4

模具制造专业高级：0117-3

模具制造专业预备技师（技师）：0117-2

（三）学习年限

模具制造专业中级：初中起点三年

模具制造专业高级：高中起点三年、初中起点五年

模具制造专业预备技师（技师）：高中起点四年、初中起点六年

（四）就业方向

中级技能层级：面向模具制造或模具应用类行业企业就业，适应模具制造工作岗位（如工具钳工、车工、铣工、磨工、模具装配工、模具调试工等）要求，胜任模具零件钳加工、模具零件普通机床加工、模具零件数控机床加工、单工序冷冲压模具制作、单分型面塑料模具制作、复合冷冲压模具制作等工作任务。

高级技能层级：面向模具制造或模具应用类行业企业就业，适应模具制造工作岗位（如数控车工、数控铣工、电切削工、模具装配工、模具调试工、模具维修工、车间主管等）要求，胜任双分型面塑料模具制作、模具装调与维修保养、模具制作成本估算等工作任务。

预备技师（技师）层级：面向模具制造或模具应用类行业企业就业，适应模具制造职业岗位群（如数控车工、数控铣工、电切削工、模具装配工、模具调试工、模具维修工、成型工艺员、车间主管、模具智能制造工、模具技术培训师等）要求，胜任多工位冷冲压模具制作、侧向分型塑料模具制作、模具智能制造、模具制造人员工作指导与技术培训等工作任务。

（五）职业资格/职业技能等级

模具制造专业中级：模具工四级/中级工

模具制造专业高级：模具工三级/高级工

模具制造专业预备技师（技师）：模具工二级/技师

二、培养目标和要求

（一）培养目标

1. 总体目标

培养面向模具制造或模具应用类行业企业就业，适应模具制造工作岗位（如模具零件加工人员、模具装配工、模具调试工、成型工艺员、模具维修工、产品检验员、车间主管等）要求，胜任模具零件钳加工、模具零件普通机床加工、模具零件数控机床加工、单工序冷冲压模具制作、单分型面塑料模具制作、复合冷冲压模具制作、双分型面塑料模具制作、模具装调与维修保养、模具制作成本估算、多工位冷冲压模具制作、侧向分型塑料模具制作、模具智能制造、模具制造人员工作指导与技术培训等工作任务，掌握本行业最新技术标准及其发展趋势，具备自主学习、自我管理、信息检索、理解与表达、交往与合作、创新思维、解决问题等通用能力，安全意识、质量意识、规范意识、效率意识、成本意识、环保意识、市场意识、服务意识等职业素养，以及劳模精神、劳动精神、工匠精神等思政素养的技能人才。

2. 中级技能层级

培养面向模具制造或模具应用类行业企业就业，适应模具制造工作岗位（如工具钳工、车工、铣工、磨工、模具装配工、模具调试工等）要求，胜任模具零件钳加工、模具零件普通机床加工、模具零件数控机床加工、单工序冷冲压模具制作、单分型面塑料模具制作、复合冷冲压模具制作等工作任务，掌握模具零件钳加工、模具零件普通机床加工、模具零件数控机床加工、单工序冷冲压模具制作、单分型面塑料模具制作、复合冷冲压模具制作等最新技术标准及其发展趋势，具备自主学习、自我管理、信息检索、理解与表达、交往与合作、创新思维、解决问题等通用能力，安全意识、质量意识、规范意识、效率意识、成本意识、环保意识、市场意识、服务意识等职业素养，以及劳模精神、劳动精神、工匠精神等思政素养的技能人才。

3. 高级技能层级

培养面向模具制造或模具应用类行业企业就业，适应模具制造工作岗位（如数控车工、数控铣工、电切削工、模具装配工、模具调试工、模具维修工、车间主管等）要求，胜任双分型面塑料模具制作、模具装调与维修保养、模具制作成本估算等工作任务，掌握双分型面塑料模具制作、模具装调与维修保养、模具制作成本估算等最新技术标准及其发展趋势，具备自主学习、自我管理、信息检索、理解与表达、交往与合作、创新思维、解决问题等通用能力，安全意识、质量意识、规范意识、效率意识、成本意识、环保意识、市场意识、服务意识等职业素养，以及劳模精神、劳动精神、工匠精神等思政素养的技能人才。

4. 预备技师（技师）层级

培养面向模具制造或模具应用类行业企业就业，适应模具制造职业岗位群（如数控车工、数控铣工、电切削工、模具装配工、模具调试工、模具维修工、成型工艺员、车间主管、模具智能制造工、模具技术培训师等）要求，胜任多工位冷冲压模具制作、侧向分型塑料模具制作、模具智能制造、模具制造人员工作指导与技术培训等工作任务，掌握多工位冷冲压模具制作、侧向分型塑料模具制作、模具智能制造、模具制造人员工作指导与技术培训等最新技术标准及其发展趋势，具备自主学习、自我管理、信息检索、理解与表达、交往与合作、创新思维、解决问题等通用能力，安全意识、质量意识、规范意识、效率意识、成本意识、环保意识、市场意识、服务意识等职业素养，以及劳模精神、劳动精神、工匠精神等思政素养的技能人才。

（二）培养要求

模具制造专业技能人才培养要求见下表。

模具制造专业技能人才培养要求表

培养层级	典型工作任务	职业能力要求
中级技能	模具零件钳加工	1. 能正确阅读和分析任务单，明确工作任务，与师傅沟通，准确获取加工信息。 2. 能正确阅读和分析模具零件图和零件加工工艺卡，明确加工技术要求，并根据零件加工工艺卡填写领料单，领取坯料、工量辅具、刀具、夹具等。 3. 能根据模具零件图和加工工艺，规范地对零件进行钳加工，填写工作记录单，并严格执行安全生产制度、环保管理制度和8S管理规定。 4. 能根据相关技术指标进行自检，自检完成后交车间主管检验，确保零件精度。 5. 能根据企业验收标准正确填写验收单，交付验收。 6. 能在零件制作过程中对工量具进行规范维护保养。 7. 能在生产过程中严格遵守职业道德，具备吃苦耐劳、爱岗敬业的精神。 8. 能与师傅、资料管理员、工具管理员、仓库管理员和车间主管等相关人员进行有效沟通与合作。 9. 能通过小组讨论，归纳总结工作中的要点与得失，形成课件，对工作过程和成果进行展示和汇报。
	模具零件普通机床加工	1. 能正确阅读和分析任务单、盒盖注射模零件（如拉杆、导滑块、限位块、型腔拼块、底座、滑块）图样，与组员进行信息交流，明确工作任务和技术要求。 2. 能查阅普通机床加工安全操作规程和维护保养及使用历史记录，收集资料信息，根据任务单和普通机床加工操作流程，制定工作方案。

培养层级	典型工作任务	职业能力要求
	模具零件普通机床加工	3. 能查阅普通机床加工工艺手册，结合加工材料特性和零件图要求，与组员团结协作共同分析并制定加工工艺，正确领取所需工量刃具及辅具，并检查设备的完好性。 4. 能依据工作方案，按照产品图样和工艺流程，严格遵守安全生产制度和普通机床加工安全操作规程，分工协作正确完成盒盖注射模侧向抽芯机构拉杆、导滑块、限位块、型腔拼块、底座、滑块加工任务。 5. 能按产品质量检验单要求，结合工件评分标准要求，使用通用、专用量具等规范进行相应的自检，并在任务单上填写加工完成时间、加工记录以及自检结果，并进行产品质量分析及方案优化，具有精益求精的质量管控意识。 6. 能执行 8S 管理规定、废弃物管理规定及常用量具的保养规范，完成加工现场的整理、设备和工量刃具的维护保养、工作日志的填写等工作。 7. 能在工作过程中约束自我、服从管理、尊重他人，认真听取他人想法，进行有效的沟通与合作，创造积极向上的工作氛围。 8. 能通过小组讨论，归纳总结工作中的要点与得失，形成课件，对工作过程和成果进行展示和汇报。
中级技能	模具零件数控机床加工	1. 能正确阅读和分析模具零件数控机床加工任务单，接受工作任务后准确获取加工信息，明确工作内容和要求。 2. 能根据任务单查阅相应的模具制造手册及其他相关资料，制订合理的工作计划。 3. 能根据生产条件进行合理的劳动组织安排，制定合理的加工工艺。 4. 能根据模具零件图和加工工艺要求，填写领料单，并领取材料、工量辅具、刀具、夹具，选用合适的数控机床设备。 5. 能根据零件图和加工工艺要求，编写合理的数控加工程序，按规范加工零件，填写工作记录单，并严格执行安全生产制度、环保管理制度和 8S 管理规定。 6. 能按相关技术指标进行自检，自检完成后交车间主管检验，确保零件精度达标。 7. 能在零件制作完成后对数控机床、工量具进行规范维护保养。 8. 能在生产过程中严格遵守职业道德，与资料管理员、工具管理员、仓库管理员和车间主管等相关人员进行有效沟通与合作，具备吃苦耐劳、爱岗敬业的精神。 9. 能通过小组讨论，归纳总结工作中的要点与得失，形成课件，对工作过程和成果进行展示和汇报。

培养层级	典型工作任务	职业能力要求
中级技能	单工序冷冲压模具制作	1. 能依据单工序冷冲压模具制作任务单，与车间主管、小组成员等相关人员进行充分的专业沟通，完成任务单分析，明确工作内容和要求。 2. 能依据单工序冷冲压模具图样，通过查询冷冲压模具工艺、冷冲压模具结构等相关资料获取模具各零部件的功用、材料性能等有效信息。 3. 能识读模具零件图及装配图、工艺卡，明确模具零件材料、机床、工量刃具、场地规章制度等情况，并填写工量具准备清单，领用所需的标准件、量具、刀具和材料。 4. 能依据单工序冷冲压模具零件加工要求，采用钳加工和普通机床加工方式加工出合格零件，并能在加工中使用游标卡尺、塞尺、刀口形直角尺、百分表等常用量具对零件进行检验。 5. 能依据模具装配工艺卡的要求完成模具装配。 6. 能依据安全操作规程，使用吊装设备吊装模具，将其安装到压力机上；依据模具工艺卡冲压成型制件，根据制件质量调整模具，制件合格后交付车间主管进行验收。 7. 能按照现场管理规范清理场地、归置物品，按照环保管理制度处理废油液等废弃物并填写工作记录单。 8. 能在单工序冷冲压模具制作完成后对机床、工量具进行规范维护保养。 9. 能通过小组讨论，归纳总结工作中的要点与得失，形成课件，对工作过程和成果进行展示和汇报。
	单分型面塑料模具制作	1. 能依据单分型面塑料模具制作任务单，与车间主管、小组成员等相关人员进行充分的专业沟通，完成任务单分析，明确工作内容和要求。 2. 能依据单分型面塑料模具图样，通过查询模塑工艺、塑料模具结构等相关资料获取模具各零部件的功用、材料性能等有效信息。 3. 能识读模具零件图及装配图、工艺卡，明确模具零件材料、机床、工量刃具、场地规章制度等情况，并填写工量具准备清单，领用所需的标准件、量具、刀具和材料。 4. 能依据单分型面塑料模具零件加工要求，采用数控机床设备加工出合格零件，并能在加工中使用游标卡尺、塞尺、刀口形直角尺、百分表等常用量具对零件进行检验。 5. 能依据模具装配工艺卡的要求完成模具装配。 6. 能依据安全操作规程，使用吊装设备吊装模具，将其安装到注塑机上；依据注射成型工艺卡，注射成型制件，根据制件质量调整模具，制件合格后交付车间主管进行验收。 7. 能在单分型面塑料模具制作过程中对机床、工量具进行规范维护保养。

培养层级	典型工作任务	职业能力要求
	单分型面塑料模具制作	8. 能在模具制作过程中严格执行企业操作规范、安全生产制度、环保管理制度以及8S管理规定。 9. 能定期检查工作进度并填写工作进度表。 10. 能通过小组讨论，归纳总结工作中的要点与得失，形成课件，对工作过程和成果进行展示和汇报。
中级技能	复合冷冲压模具制作	1. 能依据复合冷冲压模具制作任务单，与车间主管、小组成员等相关人员进行充分的专业沟通，完成任务单分析，明确工作内容和要求。 2. 能依据复合冷冲压模具图样，通过查询冷冲压工艺、冷冲压模具结构等相关资料获取模具各零部件的功用、材料性能等有效信息。 3. 能识读模具零件图及装配图、工艺卡，明确模具零件材料、机床、工量刃具、场地规章制度等情况，制订复合冷冲压模具制作工作计划，并将工作计划报车间主管审批。 4. 能根据复合冷冲压模具零件图、装配图、工艺卡要求，填写工量具准备清单，领用所需的标准件、量具、刀具和材料。 5. 能依据复合冷冲压模具零件加工工艺卡，采用钳加工、普通机床加工和数控机床加工等方式加工出合格零件，并能使用游标卡尺、塞尺、刀口形直角尺、百分表等常用量具对零件进行检验，对机床、工量具进行规范维护保养。 6. 能依据模具装配工艺卡的要求完成模具装配。 7. 能依据安全操作规程，使用吊装设备吊装模具，将其安装到压力机上，并按模具工艺卡冲压成型制件，根据制件质量调整模具，制件合格后交付车间主管进行验收。 8. 能按照现场管理规范清理场地、归置物品，按照环保管理制度处理废油液等废弃物并填写工作记录单。 9. 能通过小组讨论，归纳总结工作中的要点与得失，形成课件，对工作过程和成果进行展示和汇报。
高级技能	双分型面塑料模具制作	1. 能依据双分型面塑料模具制作任务单，与车间主管、小组成员等相关人员进行充分的专业沟通，完成任务单分析，明确工作内容和要求。 2. 能自主查询塑料成型工艺及塑料模具结构、塑料模具制作等相关资料，获取常用塑料成型性能，双分型面塑料模具结构、各零部件的名称和作用，模具材料性能，常用塑料种类及其特性等信息。 3. 能依据模具零件图的技术要求，完成零件加工工艺分析，确定零件的加工方法和步骤，并制订模具制作工作计划，将工作计划报车间主管审批。 4. 能依据模具零件加工工艺卡和模具装配工艺卡，填写工量具准备清单，

培养层级	典型工作任务	职业能力要求
	双分型面 塑料模具制作	领用所需标准件、工具、量具、刀具和材料。 　5. 能依据模具零件加工要求，操作普通机床和数控机床加工出合格零件，加工中能运用各类量具检测零件。 　6. 能依据模具装配工艺卡，完成双分型面塑料模具的装配。 　7. 能依据安全操作规程，使用吊装设备吊装模具，将其安装到注塑机上，并按注射成型工艺卡完成注射成型操作，分析制件质量，采取相应调整措施，制件合格后交付车间主管进行验收。 　8. 能依据保养规范，对机床设备、吊装设备、工量刃具等进行保养。 　9. 能按照现场管理规范清理场地、归置物品，按照环保管理制度处理废油液等废弃物并填写工作记录单。 　10. 能通过小组讨论，归纳总结工作中的要点与得失，形成课件，对工作过程和成果进行展示和汇报。
高级技能	模具装调 与维修保养	1. 能掌握设备、模具的结构、性能、工作原理和模具装配调试方法，提高处理问题和排除故障的能力。 　2. 能解决生产过程中出现的故障，保障生产任务顺利完成。 　3. 能明确生产计划，按照生产计划及时装配调试产品，对调试产品的质量负责（包含首件和批量生产），使产品符合图样要求、工艺规程和检验标准等。 　4. 能正确阅读和分析模具装调与维修保养任务单，明确工作内容和要求。 　5. 能识读模具图样，说出模具类型及结构特征。 　6. 能按照模具装调与维修保养规范，制定装调与维修保养方案。 　7. 能准备合适的工具、量具，规范实施模具装调与维修保养工作。 　8. 能按照模具的技术要求验收模具。 　9. 能及时、如实地汇报装调与维修保养情况，对已完成的工作进行记录、评价、反馈，并做好模具维修保养和备件消耗情况的原始记录。 　10. 能严格遵守8S管理规定，保持现场的清洁，工装、夹具应归类并合理放置。 　11. 能通过小组讨论，归纳总结工作中的要点与得失，形成课件，对工作过程和成果进行展示和汇报。
	模具制作 成本估算	1. 能阅读任务单，明确工作任务要求及提交模具估价报告的期限。 　2. 能与技术部门同事进行良好沟通，分析模具图样，制定模具零件加工工艺。 　3. 能根据模具零件加工工艺，选择合适的加工设备，并估算加工成本。 　4. 能按照企业报价流程，向材料供应商询价，明确材料价格与供货周期。

培养层级	典型工作任务	职业能力要求
高级技能	模具制作成本估算	5. 能依据模具制作成本的构成，估算整套模具的制作成本。 6. 能根据模具估价报告撰写要求，完成模具估价报告的撰写。 7. 能对工作进行总结，并对模具估价报告提出调整与修改建议。 8. 能通过小组讨论，归纳总结工作中的要点与得失，形成课件，对工作过程和成果进行展示和汇报。
预备技师（技师）	多工位冷冲压模具制作	1. 能依据多工位冷冲压模具制作任务单，与车间主管、小组成员等相关人员进行充分的专业沟通，完成任务单分析，明确工作内容和要求。 2. 能依据多工位冷冲压模具图样，通过查询冷冲压模具工艺、冷冲压模具结构等相关资料获取模具各零部件的功用、材料性能等有效信息。 3. 能识读模具零件图及装配图、工艺卡，明确模具零件材料、机床、工量刃具、场地规章制度等情况。 4. 能根据多工位冷冲压模具制作工艺要求，结合现有设备、设施，对多工位冷冲压模具制作工作计划进行优化，并将工作计划报车间主管审批。 5. 能根据零件图、装配图、工艺卡要求，填写工量具准备清单，领用所需的标准件、量具、刀具和材料。 6. 能依据模具零件加工要求，采用钳加工、普通机床加工和数控机床加工等方式加工出合格零件，并能在加工中使用游标卡尺、塞尺、刀口形直角尺、百分表等常用量具及三坐标测量机对零件进行检验，对机床、工量具进行规范维护保养。 7. 能依据模具装配工艺卡的要求完成模具装配。 8. 能依据安全操作规程，使用吊装设备吊装模具，将其安装到压力机上，并按模具工艺卡冲压成型制件，根据制件质量调整模具，制件合格后交付车间主管进行验收。 9. 能按照现场管理规范清理场地、归置物品，按照环保管理制度处理废油液等废弃物并填写工作记录单。 10. 能通过小组讨论，归纳总结工作中的要点与得失，形成课件，对工作过程和成果进行展示和汇报。
	侧向分型塑料模具制作	1. 能依据侧向分型塑料模具制作任务单，与车间主管、小组成员等相关人员进行充分的专业沟通，完成任务单分析，明确工作内容和要求。 2. 能依据塑料产品零件图、模具零件图、模具装配图和其3D模型，操作计算机CAM软件，查询模塑工艺、塑料模具结构等相关资料，获取侧向分型塑料模各零部件的功用、材料性能等有效信息并制订模具制作的工作计划。 3. 能依据模具零件图技术要求、车间加工设备条件等因素，完成零件加

培养层级	典型工作任务	职业能力要求
预备技师（技师）	侧向分型塑料模具制作	工工艺分析，制定模具零件加工工艺。 4. 能依据模具装配图、车间加工设备条件等，完成装配工艺的制定，填写模具装配工艺卡。 5. 能依据产品技术要求、注塑机参数等，编制合理的注射成型工艺，填写注射成型工艺卡。 6. 能按照相关审核制度将模具零件加工工艺卡、模具装配工艺卡、注射成型工艺卡报车间主管审批。 7. 能依据审批后的工艺卡，填写工量具准备清单，领用所需的标准件、工具、量具、刀具和材料。 8. 能依据模具零件材料性质要求，操作热处理设备处理模具零件。 9. 能依据模具零件加工工艺卡，操作普通机床、数控机床等加工设备以及采用必要的钳加工方式进行零件加工，使用三坐标测量机结合其他常用量具检测模具零件。 10. 能依据模具装配工艺卡完成模具装配。 11. 能按注射成型工艺试模，分析制件质量，采取相应模具调整措施，将模具及制件交车间主管按验收单进行验收，合格后交付使用。 12. 能依据设备、设施、工量刃具的保养规范，及时完成保养工作，按照现场管理规范清理场地、归置物品，按照环保管理制度处理废油液等废弃物并填写工作记录单。 13. 能在模具制作过程中严格执行企业操作规范、安全生产制度、环保管理制度以及 8S 管理规定。 14. 能定期检查工作进度并填写工作进度表。 15. 能通过小组讨论，归纳总结工作中的要点与得失，形成课件，对工作过程和成果进行展示和汇报。
	模具智能制造	1. 能准确分析模具智能制造任务单，明确工作内容和要求。 2. 能调试、操作智能制造生产线，编制智能制造生产线数控加工程序。 3. 能依据产品零件图、模具零件图、模具装配图等图样和模具智能制造生产线条件等因素，完成模具制造工艺分析，填写工艺卡和生产计划单。 4. 能依据模具制造工艺卡，填写工量具准备清单，领用所需的标准件、工具、量具、刀具和材料。 5. 能依据模具制造工艺卡，运用智能制造生产线进行零件加工与检测，并完成模具装配。 6. 能对新制造的模具进行试模，分析制件质量，采取相应模具调整措施。 7. 能将模具及制件交车间主管按验收单进行验收，合格后交付使用。

培养层级	典型工作任务	职业能力要求
预备技师（技师）	模具智能制造	8. 能依据智能制造生产线使用制度进行维护保养工作，按照现场管理规范清理场地、归置物品，按照环保管理制度处理废油液等废弃物并填写工作记录单。 9. 能定期检查工作进度并填写工作进度表。 10. 能通过小组讨论，归纳总结工作中的要点与得失，形成课件，对工作过程和成果进行展示和汇报。
	模具制造人员工作指导与技术培训	1. 能通过检查模具制造人员的工作流程、工作规范及工作质量，判断其安全操作规范、工作习惯的养成和制造技术的提升情况，并做好考核记录。 2. 能根据企业工作规范和相关技术标准，检查模具制造人员的工作记录，查找并指出模具制造人员的不规范操作，记录检查中出现的问题，写出解决问题的措施。 3. 能制订培训计划，通过示范操作、讲解、小组讨论等方式方法，对模具制造人员实施针对性指导，提升其制造水平。 4. 能按照企业培训管理制度，通过小组讨论、鱼骨图、头脑风暴等方式方法，总结模具制造人员工作过程中存在的问题，以及新知识、新技术、新设备和新工艺应用需求，并写出培训需求。 5. 能分析培训对象的技术水平，根据企业实际工作安排，制定包括培训目标、对象、内容、方式方法、地点、时间、场地和实施设备需求等要素的培训方案。 6. 能应用行动导向教学方法组织培训，在培训过程中，关注培训对象的技能提升情况，及时调整培训进度和方式方法。 7. 能在培训结束后撰写培训总结，解说技术要点，分析学习与工作中的不足，提出改进措施，并反馈给企业业务主管部门。 8. 能及时关注模具行业的发展动态以及国家发展对模具行业的需求，并梳理、总结，形成报告。 9. 能根据模具材料的选择、结构设计的合理性、加工精度的控制、热处理的控制、模具的试模和调试、零件质量的检测与模具的保养对整套模具质量的影响，形成模具质量控制要点报告。 10. 能利用职业规划的基础理论与技术，结合模具行业及企业发展为模具制造人员做职业规划与发展指导，解决模具制造人员在工作中遇到的发展困惑。 11. 能通过小组讨论，归纳总结工作中的要点与得失，形成课件，对工作过程和成果进行展示和汇报。

模具制造专业

国家技能人才培养
工学一体化课程设置方案

人力资源社会保障部

中国劳动社会保障出版社

模具制造专业
国家技能人才培养
工学一体化课程设置方案

人力资源社会保障部

中国劳动社会保障出版社

人力资源社会保障部办公厅关于印发 31 个专业国家技能人才培养工学一体化课程标准和课程设置方案的通知

人社厅函〔2023〕152 号

各省、自治区、直辖市及新疆生产建设兵团人力资源社会保障厅（局）：

为贯彻落实《技工教育"十四五"规划》（人社部发〔2021〕86 号）和《推进技工院校工学一体化技能人才培养模式实施方案》（人社部函〔2022〕20 号），我部组织制定了 31 个专业国家技能人才培养工学一体化课程标准和课程设置方案（31 个专业目录见附件），现予以印发。请根据国家技能人才培养工学一体化课程标准和课程设置方案，指导技工院校规范设置课程并组织实施教学，推动人才培养模式变革，进一步提升技能人才培养质量。

附件：31 个专业目录

人力资源社会保障部办公厅

2023 年 11 月 13 日

31 个专业目录

（按专业代码排序）

1. 机床切削加工（车工）专业
2. 数控加工（数控车工）专业
3. 数控机床装配与维修专业
4. 机械设备装配与自动控制专业
5. 模具制造专业
6. 焊接加工专业
7. 机电设备安装与维修专业
8. 机电一体化技术专业
9. 电气自动化设备安装与维修专业
10. 楼宇自动控制设备安装与维护专业
11. 工业机器人应用与维护专业
12. 电子技术应用专业
13. 电梯工程技术专业
14. 计算机网络应用专业
15. 计算机应用与维修专业
16. 汽车维修专业
17. 汽车钣金与涂装专业
18. 工程机械运用与维修专业
19. 现代物流专业
20. 城市轨道交通运输与管理专业
21. 新能源汽车检测与维修专业
22. 无人机应用技术专业
23. 烹饪（中式烹调）专业
24. 电子商务专业
25. 化工工艺专业
26. 建筑施工专业
27. 服装设计与制作专业
28. 食品加工与检验专业
29. 工业设计专业
30. 平面设计专业
31. 环境保护与检测专业

模具制造专业国家技能人才培养
工学一体化课程设置方案

一、适用范围

本方案适用于技工院校工学一体化技能人才培养模式各技能人才培养层级，包括初中起点三年中级技能、高中起点三年高级技能、初中起点五年高级技能等培养层级。

二、基本要求

（一）课程类别

本专业开设课程由公共基础课程、专业基础课程、工学一体化课程、选修课程构成。其中，公共基础课程依据人力资源社会保障部颁布的《技工院校公共基础课程方案（2022年）》开设，工学一体化课程依据人力资源社会保障部颁布的《模具制造专业国家技能人才培养工学一体化课程标准》开设。

（二）学时要求

每学期教学时间一般为20周，每周学时一般为30学时。

各技工院校可根据所在地区行业企业发展特点和校企合作实际情况，对专业课程（专业基础课程和工学一体化课程）设置进行适当调整，调整量应不超过30%。

三、课程设置

课程类别	课程名称
公共基础课程	思想政治
	语文
	历史
	数学
	英语
	数字技术应用
	体育与健康
	美育
	劳动教育
	通用职业素质
	物理
	其他
专业基础课程	机械制图
	机械基础
	极限配合与技术测量
	金属材料与热处理
	机械制造工艺基础
	计算机辅助设计
	计算机辅助编程
	模具基础知识
	冲压模具课程设计
	塑料模具课程设计
工学一体化课程	模具零件钳加工
	模具零件普通机床加工
	模具零件数控机床加工
	单工序冷冲压模具制作
	单分型面塑料模具制作
	复合冷冲压模具制作

课程类别	课程名称
工学一体化课程	双分型面塑料模具制作
	模具装调与维修保养
	模具制作成本估算
	多工位冷冲压模具制作
	侧向分型塑料模具制作
	模具智能制造
	模具制造人员工作指导与技术培训
选修课程	CAD/CAM 应用技术
	运动与仿真
	特种加工技术
	精密零件加工
	机器人编程与仿真
	逆向三维设计
	增材制造技术
	Moldflow 模流分析

四、教学安排建议

（一）中级技能层级课程表（初中起点三年）

课程类别	课程名称	参考学时	学期					
			第1学期	第2学期	第3学期	第4学期	第5学期	第6学期
公共基础课程	思想政治	144	√	√	√	√		
	语文	198	√	√	√			
	历史	72	√	√				
	数学	90	√	√				
	英语	90			√	√		
	数字技术应用	72	√	√				

课程类别	课程名称	参考学时	学期					
			第1学期	第2学期	第3学期	第4学期	第5学期	第6学期
公共基础课程	体育与健康	108	√	√	√	√	√	
	美育	18	√					
	劳动教育	48	√	√	√	√		
	通用职业素质	90		√	√	√		
	物理	36			√			
	其他	18	√					
专业基础课程	机械制图	120	√	√	√			
	机械基础	80		√	√			
	极限配合与技术测量	40	√					
	金属材料与热处理	56			√			
	机械制造工艺基础	60				√		
	计算机辅助设计	120				√		
	计算机辅助编程	120					√	
	模具基础知识	100				√		
工学一体化课程	模具零件钳加工	120	√					
	模具零件普通机床加工	240	√	√				
	模具零件数控机床加工	240		√	√			
	单工序冷冲压模具制作	120			√			
	单分型面塑料模具制作	120				√		
	复合冷冲压模具制作	120					√	
选修课程	CAD/CAM 应用技术	100					√	
	特种加工技术	100					√	
	精密零件加工	100					√	
	机动	60						
	岗位实习							√
	总学时	3 000						

注："√"表示相应课程建议开设的学期，后同。

（二）高级技能层级课程表（高中起点三年）

课程类别	课程名称	参考学时	学期					
			第1学期	第2学期	第3学期	第4学期	第5学期	第6学期
公共基础课程	思想政治	144	√	√	√	√		
	语文	72	√	√				
	数学	54	√	√	√			
	英语	90	√	√	√	√		
	数字技术应用	72	√	√				
	体育与健康	72	√	√	√	√	√	
	美育	18	√					
	劳动教育	48	√	√	√			
	通用职业素质	90		√	√			
	其他	18	√					
专业基础课程	机械制图	90	√					
	机械基础	60	√					
	极限配合与技术测量	60	√					
	金属材料与热处理	60				√		
	机械制造工艺基础	60				√		
	计算机辅助设计	100		√				
	计算机辅助编程	100		√				
	冲压模具课程设计	100					√	
	塑料模具课程设计	100					√	
工学一体化课程	模具零件钳加工	100	√					
	模具零件普通机床加工	200	√	√				
	模具零件数控机床加工	200		√	√			
	单工序冷冲压模具制作	100			√			
	单分型面塑料模具制作	100			√			
	复合冷冲压模具制作	100				√		

课程类别	课程名称	参考学时	学期					
			第1学期	第2学期	第3学期	第4学期	第5学期	第6学期
工学一体化课程	双分型面塑料模具制作	100				√		
	模具装调与维修保养	100					√	
	模具制作成本估算	80					√	
选修课程	CAD/CAM 应用技术	100			√			
	特种加工技术	100					√	
	精密零件加工	200				√		
	机器人编程与仿真	100					√	
机动		12						
岗位实习								√
总学时		3 000						

（三）高级技能层级课程表（初中起点五年）

课程类别	课程名称	参考学时	学期									
			第1学期	第2学期	第3学期	第4学期	第5学期	第6学期	第7学期	第8学期	第9学期	第10学期
公共基础课程	思想政治	288	√	√	√	√			√	√	√	
	语文	234	√	√	√				√	√		
	历史	72	√	√								
	数学	144	√	√	√	√	√		√			
	英语	162			√	√						
	数字技术应用	72	√									
	体育与健康	180	√	√	√	√	√		√	√	√	
	美育	18	√									
	劳动教育	48	√	√	√	√						

| 课程类别 | 课程名称 | 参考学时 | 学期 | | | | | | | | | |
			第1学期	第2学期	第3学期	第4学期	第5学期	第6学期	第7学期	第8学期	第9学期	第10学期
公共基础课程	通用职业素质	90								√	√	
	物理	36	√									
	其他	36	√									
专业基础课程	机械制图	120	√	√								
	机械基础	120		√								
	极限配合与技术测量	100			√							
	金属材料与热处理	120				√						
	机械制造工艺基础	120				√						
	计算机辅助设计	120					√					
	计算机辅助编程	120				√						
	冲压模具课程设计	240								√		
	塑料模具课程设计	240									√	
	模具基础知识	120							√			
工学一体化课程	模具零件钳加工	120	√									
	模具零件普通机床加工	240	√	√								
	模具零件数控机床加工	240		√	√							
	单工序冷冲压模具制作	120			√							
	单分型面塑料模具制作	120				√						
	复合冷冲压模具制作	120					√					
	双分型面塑料模具制作	120						√				
	模具装调与维修保养	120							√			
	模具制作成本估算	80									√	
选修课程	CAD/CAM应用技术	120					√					
	运动与仿真	100							√			
	特种加工技术	100					√		√			
	精密零件加工	240									√	
	机器人编程与仿真	120								√		

课程类别	课程名称	参考学时	学期									
			第1学期	第2学期	第3学期	第4学期	第5学期	第6学期	第7学期	第8学期	第9学期	第10学期
	机动	40										
	岗位实习							√				√
	总学时	4 800										

（四）预备技师（技师）层级课程表（高中起点四年）

课程类别	课程名称	参考学时	学期							
			第1学期	第2学期	第3学期	第4学期	第5学期	第6学期	第7学期	第8学期
公共基础课程	思想政治	144	√	√	√	√				
	语文	72	√	√						
	数学	54	√	√						
	英语	90	√	√						
	数字技术应用	72	√							
	体育与健康	126	√	√	√	√	√	√	√	
	美育	18	√							
	劳动教育	48	√	√	√	√	√	√		
	通用职业素质	90				√	√	√		
	其他	18	√	√						
专业基础课程	机械制图	120	√							
	机械基础	120		√						
	极限配合与技术测量	60		√						
	金属材料与热处理	60		√						
	机械制造工艺基础	60				√				
	计算机辅助设计	120			√					
	计算机辅助编程	120			√					
	冲压模具课程设计	120						√		
	塑料模具课程设计	120						√		

课程类别	课程名称	参考学时	学期							
			第1学期	第2学期	第3学期	第4学期	第5学期	第6学期	第7学期	第8学期
工学一体化课程	模具零件钳加工	100	√							
	模具零件普通机床加工	200	√	√						
	模具零件数控机床加工	200		√	√					
	单工序冷冲压模具制作	100			√					
	单分型面塑料模具制作	100			√					
	复合冷冲压模具制作	100				√				
	双分型面塑料模具制作	100				√				
	模具装调与维修保养	100					√			
	模具制作成本估算	80					√			
	多工位冷冲压模具制作	100						√		
	侧向分型塑料模具制作	100						√		
	模具智能制造	100							√	
	模具制造人员工作指导与技术培训	100							√	
选修课程	CAD/CAM 应用技术	120			√					
	运动与仿真	100			√					
	特种加工技术	100				√				
	精密零件加工	240				√				
	机器人编程与仿真	120						√		
	逆向三维设计	120							√	
	增材制造技术	120							√	
	Moldflow 模流分析	120							√	
	机动	48								
	岗位实习									√
	总学时	4 200								

（五）预备技师（技师）层级课程表（初中起点六年）

课程类别	课程名称	参考学时	第1学期	第2学期	第3学期	第4学期	第5学期	第6学期	第7学期	第8学期	第9学期	第10学期	第11学期	第12学期
公共基础课程	思想政治	360	√	√	√	√			√	√	√	√	√	
	语文	252	√	√	√				√	√				
	历史	72	√	√										
	数学	216	√	√	√	√	√		√	√	√			
	英语	234	√	√	√	√	√		√	√	√			
	数字技术应用	72	√											
	体育与健康	324	√	√	√	√	√	√	√	√	√	√	√	
	美育	90	√	√	√				√					
	劳动教育	120	√	√	√	√	√		√	√	√	√		
	通用职业素质	162							√					
	物理	72	√	√	√	√	√							
	其他	72	√											
专业基础课程	机械制图	120	√	√										
	机械基础	120		√	√									
	极限配合与技术测量	120			√	√								
	金属材料与热处理	120				√								
	机械制造工艺基础	120				√								
	计算机辅助设计	120					√							
	计算机辅助编程	120					√							
	模具基础知识	120							√					

课程类别	课程名称	参考学时	学期											
			第1学期	第2学期	第3学期	第4学期	第5学期	第6学期	第7学期	第8学期	第9学期	第10学期	第11学期	第12学期
专业基础课程	冲压模具课程设计	120											√	
	塑料模具课程设计	120											√	
工学一体化课程	模具零件钳加工	120	√											
	模具零件普通机床加工	240	√	√										
	模具零件数控机床加工	240		√	√									
	单工序冷冲压模具制作	120			√									
	单分型面塑料模具制作	120				√								
	复合冷冲压模具制作	120					√							
	双分型面塑料模具制作	120							√					
	模具装调与维修保养	120								√				
	模具制作成本估算	80									√			
	多工位冷冲压模具制作	120										√		
	侧向分型塑料模具制作	120										√		
	模具智能制造	120											√	
	模具制造人员工作指导与技术培训	120											√	

课程类别	课程名称	参考学时	学期											
			第1学期	第2学期	第3学期	第4学期	第5学期	第6学期	第7学期	第8学期	第9学期	第10学期	第11学期	第12学期
选修课程	CAD/CAM应用技术	120							√					
	运动与仿真	100								√				
	特种加工技术	100								√				
	精密零件加工	120									√			
	机器人编程与仿真	120									√			
	逆向三维设计	120									√			
	增材制造技术	120										√		
	Moldflow模流分析	120										√		
机动		74												
岗位实习								√						√
总学时		6 000												

三、培养模式

（一）培养体制

依据职业教育有关法规和校企合作、产教融合相关政策要求，按照技能人才成长规律，紧扣本专业技能人才培养目标，结合学校办学实际情况，成立专业建设指导委员会。通过整合校企双方优质资源，制定校企合作管理办法，签订校企合作协议，推进校企共创培养模式、共同招生招工、共商专业规划、共议课程开发、共组教师队伍、共建实训基地、共搭管理平台、共评培养质量的"八个共同"，实现本专业高素质技能人才的有效培养。

（二）运行机制

1. 中级技能层级

中级技能层级宜采用"学校为主、企业为辅"的校企合作运行机制。

校企双方根据模具制造专业中级技能人才特征，建立适应中级技能层级的运行机制。一是结合中级技能层级工学一体化课程以执行定向任务为主的特点，研讨校企协同育人方法路径，共同制定和采用"学校为主、企业为辅"的培养方案，共创培养模式；二是发挥各自优势，按照人才培养目标要求，以初中生源为主，制订招生招工计划，通过开设企业订单班等措施，共同招生招工；三是对接本领域行业协会和标杆企业，紧跟本产业发展趋势、技术更新和生产方式变革，紧扣企业岗位能力最新要求，以学校为主推进专业优化调整，共商专业规划；四是围绕就业导向和职业特征，结合本地本校办学条件和学情，推进本专业工学一体化课程标准校本转化，进行学习任务二次设计、教学资源开发，共议课程开发；五是发挥学校教师专业教学能力和企业技术人员工作实践能力优势，通过推进教师开展企业工作实践、聘用企业技术人员开展学校教学实践等方式，以学校教师为主、企业兼职教师为辅，共组师资队伍；六是基于一体化学习工作站和校内实训基地建设，规划建设集校园文化与企业文化、学习过程与工作过程为一体的校内外学习环境，共建实训基地；七是基于一体化学习工作站、校内实训基地等学习环境，参照企业管理规范，突出企业在职业认知、企业文化、就业指导等职业素养养成层面的作用，共搭管理平台；八是根据本层级人才培养目标、国家职业标准和企业用人要求，制定评价标准，对学生职业能力、职业素养和职业技能等级实施评价，共评培养质量。

基于上述运行机制，校企双方共同推进本专业中级技能人才综合职业能力培养，并在培养目标、培养过程、培养评价中实施学生相应通用能力、职业素养和思政素养的培养。

2. 高级技能层级

高级技能层级宜采用"校企双元、人才共育"的校企合作运行机制。

校企双方根据模具制造专业高级技能人才特征，建立适应高级技能层级的运行机制。一是结合高级技能层级工学一体化课程以解决系统性问题为主的特点，研讨校企协同育人方法路径，共同制定和采用"校企双元、人才共育"的培养方案，共创培养模式；二是发挥各自优势，按照人才培养目标要求，以初中、高中、中职生源为主，制订招生招工计划，通过开设校企双制班、企业订单班等措施，共同招生招工；三是对接本领域行业协会和标杆企业，紧跟本产业发展趋势、技术更新和生产方式变革，紧扣企业岗位能力最新要求，合力制定专业建设方案，推进专业优化调整，共商专业规划；四是围绕就业导向和职业特征，结合本地本校办学条件和学情，推进本专业工学一体化课程标准的校本转化，进行学习任务二次设计、教学资源开发，共议课程开发；五是发挥学校教师专业教学能力和企业技术人员工作实践能力优势，通过推进教师开展企业工作实践、聘请企业技术人员为兼职教师等方式，涵盖学校专业教师和企业兼职教师，共组师资队伍；六是以一体化学习工作站和校内外实训基地为基础，共同规划建设兼具实践教学功能和生产服务功能的大师工作室，集校园文化与企业文化、学习过程与工作过程为一体的校内外学习环境，创建产教深度融合的产业学院等，共建实训基地；七是基于一体化学习工作站、校内外实训基地等学习环境，参照企业管理机制，组建校企管理队伍，明确校企双方责任权利，推进人才培养全过程校企协同管理，共搭管理平台；八是根据本层级人才培养目标、国家职业标准和企业用人要求，共同构建人才培养质量评价体系，共同制定评价标准，共同实施学生职业能力、职业素养和职业技能等级评价，共评培养质量。

基于上述运行机制，校企双方共同推进本专业高级技能人才综合职业能力培养，并在培养目标、培养过程、培养评价中实施学生相应通用能力、职业素养和思政素养的培养。

3. 预备技师（技师）层级

预备技师（技师）层级宜采用"企业为主、学校为辅"的校企合作运行机制。

校企双方根据模具制造专业预备技师（技师）人才特征，建立适应预备技师（技师）层级的运行机制。一是结合预备技师（技师）层级工学一体化课程以分析解决开放性问题为主的特点，研讨校企协同育人方法路径，共同制定和采用"企业为主、学校为辅"的培养方案，共创培养模式；二是发挥各自优势，按照人才培养目标要求，以初中、高中、中职生源为主，制订招生招工计划，通过开设校企双制班、企业订单班和开展企业新型学徒制培养等措施，共同招生招工；三是对接本领域行业协会和标杆企业，紧跟本产业发展趋势、技术更新和生产方式变革，紧扣企业岗位能力最新要求，以企业为主，共同制定专业建设方案，共同推进专业优化调整，共商专业规划；四是围绕就业导向和职业特征，结合本地本校办学条件和学情，推进本专业工学一体化课程标准的校本转化，进行学习任务二次设计、教学资源开发，并根据岗位能力要求和工作过程推进企业培训课程开发，共议课程开发；五是发挥学校教师专业教学能力和企业技术人员专业实践能力优势，推进教师开展企业工作实践，通过聘用等方式，涵盖学校专业教师、企业培训师、实践专家、企业技术人员，共组师资队伍；六是以校外实训基地、校内生产性实训基地、产业学院等为主要学习环境，以完成企业真实工作任务为学习载体，以地方品牌企业实践场所为工作环境，共建实训基地；七是基于校内外实训基地等学习环境，学校参照企业管理机制，企业参照学校教学管理机制，组建校企管理队伍，明确校企双方责任权利，推进人才培养全过程校企协同管理，共搭管理平台；八是根据本层级人才培养目标、国家职业标准和企业用人要求，共同构建人才培养质量评价体系，共同制定评价标准，共同实施学生综合职业能力、职业素养和职业技能等级评价，共评培养质量。

基于上述运行机制，校企双方共同推进本专业预备技师（技师）技能人才综合职业能力培养，并在培养目标、培养过程、培养评价中实施学生相应通用能力、职业素养和思政素养的培养。

四、课程安排

使用单位应根据人力资源社会保障部颁布的《模具制造专业国家技能人才培养工学一体化课程设置方案》开设本专业课程。本课程安排只列出工学一体化课程及建议学时，使用单位可依据院校学习年限和教学安排确定具体学时分配。

（一）中级技能层级工学一体化课程表（初中起点三年）

序号	课程名称	基准学时	学时分配					
			第1学期	第2学期	第3学期	第4学期	第5学期	第6学期
1	模具零件钳加工	120	120					
2	模具零件普通机床加工	240	120	120				
3	模具零件数控机床加工	240		120	120			
4	单工序冷冲压模具制作	120			120			
5	单分型面塑料模具制作	120				120		
6	复合冷冲压模具制作	120					120	
	总学时	960	240	240	240	120	120	

（二）高级技能层级工学一体化课程表（高中起点三年）

序号	课程名称	基准学时	学时分配					
			第1学期	第2学期	第3学期	第4学期	第5学期	第6学期
1	模具零件钳加工	100	100					
2	模具零件普通机床加工	200	100	100				

序号	课程名称	基准学时	学时分配					
			第1学期	第2学期	第3学期	第4学期	第5学期	第6学期
3	模具零件数控机床加工	200		100	100			
4	单工序冷冲压模具制作	100			100			
5	单分型面塑料模具制作	100			100			
6	复合冷冲压模具制作	100				100		
7	双分型面塑料模具制作	100				100		
8	模具装调与维修保养	100					100	
9	模具制作成本估算	80					80	
	总学时	1 080	200	200	300	200	180	

（三）高级技能层级工学一体化课程表（初中起点五年）

序号	课程名称	基准学时	学时分配									
			第1学期	第2学期	第3学期	第4学期	第5学期	第6学期	第7学期	第8学期	第9学期	第10学期
1	模具零件钳加工	120	120									
2	模具零件普通机床加工	240	120	120								
3	模具零件数控机床加工	240		120	120							
4	单工序冷冲压模具制作	120			120							
5	单分型面塑料模具制作	120				120						
6	复合冷冲压模具制作	120					120					
7	双分型面塑料模具制作	120						120				
8	模具装调与维修保养	120							120			
9	模具制作成本估算	80									80	
	总学时	1 280	240	240	240	120	120		120	120	80	

（四）预备技师（技师）层级工学一体化课程表（高中起点四年）

序号	课程名称	基准学时	学时分配							
			第1学期	第2学期	第3学期	第4学期	第5学期	第6学期	第7学期	第8学期
1	模具零件钳加工	100	100							
2	模具零件普通机床加工	200	100	100						
3	模具零件数控机床加工	200		100	100					
4	单工序冷冲压模具制作	100			100					
5	单分型面塑料模具制作	100			100					
6	复合冷冲压模具制作	100				100				
7	双分型面塑料模具制作	100				100				
8	模具装调与维修保养	100					100			
9	模具制作成本估算	80					80			
10	多工位冷冲压模具制作	100						100		
11	侧向分型塑料模具制作	100						100		
12	模具智能制造	100							100	
13	模具制造人员工作指导与技术培训	100							100	
	总学时	1 480	200	200	300	200	180	200	200	

（五）预备技师（技师）层级工学一体化课程表（初中起点六年）

序号	课程名称	基准学时	学时分配											
			第1学期	第2学期	第3学期	第4学期	第5学期	第6学期	第7学期	第8学期	第9学期	第10学期	第11学期	第12学期
1	模具零件钳加工	120	120											
2	模具零件普通机床加工	240	120	120										
3	模具零件数控机床加工	240		120	120									
4	单工序冷冲压模具制作	120			120									
5	单分型面塑料模具制作	120				120								
6	复合冷冲压模具制作	120					120							
7	双分型面塑料模具制作	120							120					
8	模具装调与维修保养	120								120				
9	模具制作成本估算	80									80			

序号	课程名称	基准学时	学时分配											
			第1学期	第2学期	第3学期	第4学期	第5学期	第6学期	第7学期	第8学期	第9学期	第10学期	第11学期	第12学期
10	多工位冷冲压模具制作	120										120		
11	侧向分型塑料模具制作	120										120		
12	模具智能制造	120											120	
13	模具制造人员工作指导与技术培训	120											120	
	总学时	1 760	240	240	240	120	120		120	120	80	240	240	

五、课程标准

（一）模具零件钳加工课程标准

工学一体化课程名称	模具零件钳加工	基准学时	120①

典型工作任务描述

模具零件钳加工是指使用手工工具、一定的装夹平台及手动设备对零件进行加工的方法。根据使用工具的不同，钳加工基本操作有划线、锉削、锯削、钻孔、铰孔、攻螺纹、刮削、研磨、抛光等。

模具制造过程中，对于不适合机床加工或机床加工无法保证精度的零件，为降低生产成本，简化工艺，通常需要模具工对这类零件进行钳加工。

模具工从车间主管处领取工作任务，阅读任务单，初定工作计划经师傅审核后，在师傅的指导下识读图样和加工工艺卡，明确零件加工的技术要求，根据加工工艺卡领取材料，准备工量辅具，依照要求加工零件，加工完毕后自检，自检后交车间主管检验，合格后交付零件。

加工过程中，模具工应严格遵守模具制造企业的操作规程、内部检验规范、安全生产制度、环保管理制度以及8S管理规定。

工作内容分析

工作对象：	工具、材料、设备与资料：	工作要求：
1. 任务单的阅读； 2. 模具零件图的识读； 3. 模具零件加工工艺卡的识读； 4. 材料的领取；	1. 工具：通用工具（锯弓、铰杠等）、模具零件加工专用工具、量具（游标卡尺、千分尺、游标万能角度尺、刀口形直角尺、游标高度卡尺等）、刀具（锉刀、麻花钻、锯条、铰刀、丝锥等）、辅具（压板、垫铁、圆柱销、气枪等）；	1. 能正确阅读和分析车间主管委派的任务单，明确工作任务，与师傅沟通，准确获取加工信息； 2. 能识读模具零件图和加工工艺卡，明确加工技术要求，并根据工艺卡填写领料单，领取坯料、工量

① 此基准学时为初中生源学时，下同。

5. 工量辅具、夹具、设备的准备; 6. 零件的加工; 7. 零件的检验; 8. 零件的交付。	2. 材料:模具坯料、清洗液、润滑油等; 3. 设备:台钻等; 4. 资料:任务单、领料单、模具零件图、模具制造手册、工作计划模板等。 **工作方法:** 任务单的阅读,模具零件图的识读,模具制造手册及相关资料的查阅,工作计划的制订,模具零件加工工艺卡的识读,零件质量检验法的运用。 **劳动组织方式:** 在师傅指导下或以小组合作的方式进行。从车间主管处领取工作任务,从生产管理部门借阅模具制作资料,从材料管理部门领取零件材料,从工具管理部门领取专用工量辅具,必要时与师傅进行模具零件加工的沟通,零件自检合格后交付车间主管进行质量检验。	辅具、刀具、夹具等; 3. 能根据模具零件图和加工工艺,按规范对零件进行钳加工,填写工作记录单,并严格执行安全生产制度、环保管理制度和8S管理规定; 4. 能根据相关技术指标进行自检,自检完成后交车间主管检验,确保零件精度; 5. 能根据企业验收标准正确填写验收单,将零件交付验收; 6. 能在零件加工完成后对设备和工量具进行规范维护保养; 7. 能在生产过程中严格遵守职业道德,具备吃苦耐劳、爱岗敬业的精神; 8. 能与师傅、资料管理员、工具管理员、仓库管理员和车间主管等相关人员进行有效沟通与合作。

课程目标

学习完本课程后,学生应能胜任模具零件钳加工工作,包括:

1. 能正确阅读和分析车间主管委派的任务单,明确工作任务,与师傅沟通,准确获取加工信息。

2. 能识读模具零件图和加工工艺卡,明确加工技术要求,并根据加工工艺卡填写领料单,领取坯料、工量辅具、刀具、夹具等。

3. 能根据模具零件图和加工工艺,按规范对零件进行钳加工,填写工作记录单,并严格执行安全生产制度、环保管理制度和 8S 管理规定。

4. 能根据相关技术指标进行自检,自检完成后交车间主管检验,确保零件精度。

5. 能根据企业验收标准正确填写验收单,将零件交付验收。

6. 能在零件加工完成后对设备和工量具进行规范维护保养。

7. 能在生产过程中严格遵守职业道德,具备吃苦耐劳、爱岗敬业的精神。

8. 能与师傅、资料管理员、工具管理员、仓库管理员和车间主管等相关人员进行有效沟通与合作。

9. 能在工作过程中进行资料收集、整合,团结协作,利用多媒体设备和专业术语展示工作成果。

学习内容

本课程的主要学习内容包括:

一、任务单的阅读分析及资料的查阅

实践知识:任务单的阅读,模具零件图的识读;加工工艺卡、加工工序卡的识读;模具零件钳加工信息查询及资料收集。

理论知识：任务单阅读方法；零件加工流转单的填写方法；零件图技术标准；任务单的知识要点；加工工艺卡、加工工序卡内容。

二、模具零件钳加工方案的制定

实践知识：模具零件钳加工工作计划制订；零件加工技术要求分析；工具、材料、设备的选择；常用材料的切削用量选择；模具零件钳加工方案撰写。

理论知识：模具零件钳加工工作计划制订方法；零件加工前期准备工作内容；钳加工材料特性；钳加工基础知识。

三、模具零件钳加工方案的审核确认

实践知识：现场沟通；模具零件钳加工方案汇报；汇报型课件制作与演示；模具零件钳加工方案合理性判断；模具零件钳加工方案优化。

理论知识：现场沟通技巧；模具零件钳加工方法；模具零件钳加工方案选择依据；汇报型课件的内容、结构与排版相关知识。

四、模具零件钳加工

实践知识：领料单的填写；工量辅具、刀具、夹具、坯料领取；工具、量具、刀具、夹具及辅具的使用；零件的钳加工操作；工作记录单的填写。

理论知识：钻削、铰削、锯削、攻螺纹等钳加工方法的用途；加工类型的认知与操作方法；刀具的刃磨方法；刀口形直角尺、游标卡尺、百分表等检测工具的使用方法；零件加工工艺的分析方法；工作记录单的填写方法。

五、模具零件钳加工的过程控制

实践知识：模具零件检测量具的使用；零件加工检测数据填写；零件真假废品判断；零件加工误差分析；零件假废品修复。

理论知识：模具零件检测方法分析与选择；零件加工检测数据填写方法；零件加工误差分析方法。

六、模具零件质量评估、验收及技术资料归档

实践知识：规范填写零件钳加工质量评审表；零件的规范放置；与车间主管沟通，完成产品的交接；与车间主管沟通，完成模具零件加工资料提交与存档；按照验收要求归档资料；填写模具零件钳加工验收单；刀具、量具、工具、辅具的清理、保养和归还；根据8S管理规定，整理整顿工作现场。

理论知识：模具零件钳加工验收标准及验收方法；刀具、量具、工具和辅具的清理、保养方法；资料归档方法；产品交接流程。

七、通用能力、职业素养、思政素养

自主学习、自我管理、信息检索、理解与表达、交往与合作、创新思维、解决问题等通用能力，安全意识、质量意识、规范意识、效率意识、成本意识、环保意识、市场意识、服务意识等职业素养，以及劳模精神、劳动精神、工匠精神等思政素养。

参考性学习任务			
序号	名称	学习任务描述	参考学时
1	模具零件螺纹加工	某企业接到订单需要生产一套模具，在制作固定板时有螺纹需要加工，车间主管分析加工工艺后，决定该生产任务由模具工通过钳	20

1	模具零件螺纹加工	加工完成。 模具工从车间主管处接受工作任务，阅读任务单，初定工作计划经师傅审核后，在师傅的指导下识读图样和加工工艺卡，明确零件螺纹加工的技术要求，根据加工工艺卡领取材料，准备丝锥、铰杠、螺纹规等工量具，依照要求加工零件上的螺纹，加工完毕后自检，自检后交车间主管检验，合格后交付零件。 在工作过程中遵守现场工作管理规范。	
2	模具零件铰孔加工	某企业接到订单需要生产一套模具，在加工凹模时有定位孔需要进行铰孔作业，车间主管分析加工工艺后，决定该生产任务由模具工通过钳加工完成。 模具工从车间主管处接受工作任务，阅读任务单，初定工作计划经师傅审核后，在师傅的指导下识读图样和加工工艺卡，明确零件铰孔加工的技术要求，根据加工工艺卡领取材料，准备铰刀、铰杠、塞规等工量具，依照要求对零件上的孔进行铰削，加工完毕后自检，自检后交车间主管检验，合格后交付零件。 在工作过程中遵守现场工作管理规范。	20
3	模具零件锉削加工	某企业接到一批模具零件加工订单，加工过程中需要用到对开夹板装夹零件。企业将对开夹板的制作任务交给钳工组来完成，要求按图样要求完成40副对开夹板的制作，加工对开夹板所需材料由企业提供，加工完成后交车间主管检验，合格后交付零件。 模具工从车间主管处领取任务单，识读图样，分析加工工艺，查阅相关技术手册及标准，制定加工工艺，准备相关工具、量具、刀具、夹具及辅具，检查设备的完好性。按照工艺和工步，独立进行划线、锯削、锉削、钻孔、攻螺纹、检测尺寸和几何误差及零件装配等操作，完成对开夹板的制作任务。依据图样进行自检后交付车间主管检验。 在工作过程中，必须严格执行安全操作规程、企业质量体系管理制度、8S管理规定等。	40
4	模具零件锯削加工	某企业接到订单需要生产一套模具，为了降低成本，车间主管分析加工工艺后，决定下模座方形漏料孔由模具工通过手工锯削加工完成。 模具工从车间主管处接受工作任务，阅读任务单，初定工作计划经师傅审核后，在师傅的指导下识读图样和加工工艺卡，明确该任务的锯削技术要求，根据加工工艺卡领取材料，准备锯弓、锯条、游标卡尺、刀口形直角尺等工量具，依照要求加工下模座方形漏料孔，加工完毕后自检，自检后交车间主管检验，合格后交付零件。 在工作过程中遵守现场工作管理规范。	40

教学实施建议

1. 教学组织方式方法建议

采用行动导向的教学方法。为确保教学安全，增强教学效果，建议采用分组教学的形式（4～5人/组）；在完成工作任务的过程中，教师需加强示范与指导，合理融入思政课程，注重学生规范操作和职业素养的培养。

2. 教学资源配备建议

（1）教学场地

模具零件钳加工一体化学习工作站须具备良好的安全、照明和通风条件，可分为集中教学区、分组教学区、信息检索区、工具存放区和成果展示区，并配备相应的多媒体教学设备、压缩空气供给系统等设施，面积以至少同时容纳35人开展教学活动为宜。

（2）工具、材料、设备（按组配置）

通用工具（锯弓、铰杠等）、模具零件加工专用工具、量具（游标卡尺、千分尺、游标万能角度尺、刀口形直角尺、游标高度卡尺等）、刀具（锉刀、麻花钻、铰刀、丝锥等）、辅具（压板、垫铁、圆柱销、气枪等）；模具坯料、清洗液、润滑油等；台钻等。

（3）教学资料

以工作页为主，配备教材、加工工艺手册等教学资料。

教学考核要求

采用过程性考核和终结性考核相结合的方式。

1. 过程性考核

采用自我评价、小组评价和教师评价相结合的方式进行考核；让学生学会自我评价，教师要观察学生的学习过程，结合学生的自我评价、小组评价进行总评并提出改进建议。

（1）课堂考核：考核出勤、学习态度、课堂纪律、小组合作与展示等情况。

（2）作业考核：考核工作页的完成、课后练习等情况。

（3）阶段考核：书面测试、实操测试、口述测试。

2. 终结性考核

学生根据情境描述中的要求，制订加工计划，根据加工工艺卡，按照加工规范，在规定时间内完成模具零件的加工，加工的模具零件要符合技术标准和安装要求。

考核任务案例：滑块加工。

【情境描述】

某企业要加工接线盒，由于产量较大，采用注射成型工艺生产，要求模具制造企业加工一套接线盒注射模。模具制造企业设计部门已经设计好模具并编写好加工工艺。现车间主管安排模具工负责加工接线盒注射模的滑块零件。

【任务要求】

根据任务的情境描述，在规定时间内完成滑块的加工。

（1）申报机床使用清单。

（2）确定工量辅具、刀具。

（3）按照情境描述的情况加工滑块，同时填写零件验收单。

【参考资料】

完成上述任务时，可以使用常见参考资料，如专业教材、加工工艺手册、个人笔记等。

（二）模具零件普通机床加工课程标准

工学一体化课程名称	模具零件普通机床加工	基准学时	240

典型工作任务描述

模具零件普通机床加工是指使用普通机械切削设备对零件进行加工的方法。按加工性质和所用刀具的不同，普通机床通常有钻床、铣床、车床、平面磨床、万能外圆磨床等，模具零件的普通机床加工分钻削加工、铣削加工、车削加工、磨削加工等。

在模具制造过程中，对精度要求不高、结构简单的零件，为了降低成本，模具工通常选用普通机床进行加工。

模具工从车间主管处领取任务单，识读模具零件图，明确加工内容与尺寸精度要求；查阅加工工艺手册，分析并制定加工工艺，选择合适的装夹方法，准备相关工具、量具、刀具，检查设备的完好性；运用普通机床加工模具零件；模具零件加工完成后，自检并交付车间主管，通过通用量具、专用量具进行零件质量校验，进行质量分析与方案优化；完成加工现场的整理、设备和工量刃具的维护保养、工作日志的填写等工作。

加工过程中，模具工在满足客户要求的情况下，应严格遵守模具制造企业的操作规程、内部检验规范、安全生产制度、环保管理制度以及8S管理规定。对加工产生的废件依据《中华人民共和国固体废物污染环境防治法》要求，进行集中收集管理，再按废弃物管理规定进行处理，维护车间生产安全。

工作内容分析

工作对象：	工具、材料、设备与资料：	工作要求：
1. 任务单的阅读； 2. 零件图的识读； 3. 模具零件加工工艺卡的识读； 4. 材料的领取； 5. 工量辅具、夹具、设备的准备； 6. 零件的加工； 7. 零件的检验； 8. 零件的交付。	1. 工具：通用工具、模具零件加工专用工具、量具（游标卡尺、千分尺、游标万能角度尺、百分表、刀口形直角尺、游标高度卡尺等）、刀具（车刀、铣刀、麻花钻、砂轮等）、辅具（压板、垫铁、气枪等）； 2. 材料：模具坯料、清洗液、润滑油等； 3. 设备：车床、铣床、磨床、钻床等； 4. 资料：任务单、领料单、模具零件图、模具制造手册、工作计划模板等。 **工作方法：** 任务单的阅读，模具零件图和加工工艺卡的识	1. 能阅读任务单，明确任务内容和要求； 2. 能识读模具零件图和模具零件普通机床加工工艺卡，明确加工技术要求，并根据加工工艺卡，填写领料单，领取坯料、工量辅具、刀具、夹具等； 3. 能检查设备安全性，确保其具有正常功能； 4. 能根据模具零件图和加

	读，模具制造手册及相关资料的查阅，工作计划的制订，材料的领取，工量夹辅具的准备，模具零件的加工，模具零件质量检验法的运用。 **劳动组织方式：** 在车间主管指导下或以小组合作的方式进行。从车间主管处领取工作任务，从生产管理部门借阅模具制作资料，从材料管理部门领取材料，从工具管理部门领取专用工量辅具及检测设备，必要时与车间主管进行模具零件加工的沟通，零件自检合格后交付车间主管进行质量检验。	工工艺卡，操作相应的普通机床进行模具零件加工； 5. 加工完毕，能按模具零件普通机床加工技术要求进行自检，自检完成后交车间主管检验，确保零件精度； 6. 能正确填写模具零件普通机床加工任务单的验收项目，交付验收。

课程目标

学习完本课程后，学生应能胜任模具零件普通机床加工工作，包括：

1. 能正确阅读和分析任务单、盒盖注射模零件（如拉杆、导滑块、限位块、型腔拼块、底座、滑块）图样，与组员进行信息互通交流，明确工作任务和技术要求。

2. 能准确查阅普通机床加工安全操作规程和维护保养及使用历史记录，收集资料信息，根据任务单，明确普通机床加工操作流程，制定工作方案。

3. 能查阅普通机床加工工艺手册，结合加工材料特性和零件图要求，组员团结协作共同分析并制定加工工艺，正确领取所需工量刃具及辅具，并检查设备的完好性。

4. 能依据工作方案，按照产品图样和工艺流程，严格遵守安全生产制度和普通机床加工安全操作规程，分工协作正确完成盒盖注射模侧向抽芯机构拉杆、导滑块、限位块、型腔拼块、底座、滑块等加工任务。

5. 能按产品质量检验单要求，使用通用、专用量具等规范进行相应的自检，在任务单上正确填写加工完成时间、加工记录以及自检结果，并进行产品质量分析及方案优化，具有精益求精的质量管控意识。

6. 能执行 8S 管理规定、废弃物管理规定及常用量具的保养规范，完成加工现场的整理、设备和工量刃具的维护保养、工作日志的填写等工作。

7. 能在工作过程中约束自我、服从管理、尊重他人，认真听取他人想法，进行有效的沟通与合作，创造积极向上的工作氛围。

8. 能在工作过程中进行资料收集、整合，团结协作，利用多媒体设备和专业术语展示工作成果。

学习内容

本课程的主要学习内容包括：

一、任务单的阅读分析及资料的查询

实践知识：任务单的阅读；注射模侧向抽芯机构零件图、装配图的识读；模具制造手册、普通机床设备使用说明书等资料的查阅；模具零件普通机床加工工作环境和设备检查。

理论知识：注射模侧向抽芯机构的组成、整体结构特征、工作原理；各组成零件的作用、结构、加工工艺要点等；识读和绘制侧向抽芯机构零件图的方法；安全生产制度和 8S 管理规定的内容。

二、模具零件普通机床加工方案的制定

实践知识：侧向抽芯机构零件加工工艺卡阅读；填写工量具准备清单，领用所需的标准件、量具、刀具和材料；编写侧向抽芯机构零件加工工作步骤。

理论知识：模具零件普通机床加工工艺文件的制定方法；模具零件材料选用原则；模具零件普通机床加工定位与装夹方法；模具零件普通机床加工设备型号、规格及用途；模具零件普通机床加工工作步骤与要求。

三、模具零件普通机床加工方案的审核确认

实践知识：侧向抽芯机构零件加工方案展示与汇报；侧向抽芯机构零件加工工作步骤优化。

理论知识：模具零件材料的性能和用途；侧向抽芯机构零件加工精度要求；侧向抽芯机构装配精度要求。

四、模具零件普通机床加工的实施

实践知识：车床、铣床、磨床的操作和维护保养；普通机床夹具的安装与找正；普通机床刀具（各类车刀、铣刀、麻花钻、铰刀、砂轮等）的安装与使用；模具零件加工（注射模侧向抽芯机构拉杆加工、导滑块加工、限位块加工、型腔拼块加工、底座加工、滑块加工）；加工中使用各类量具（刀口形直角尺、游标卡尺、百分表等）检测被加工零件的尺寸精度、几何精度（直线度、平行度、垂直度等）、表面粗糙度；普通机床及其附件、工量具的日常维护保养；工作进度表的填写。

理论知识：普通机床（车床、铣床、磨床等）的安全操作要求及使用方法；通用夹具、专用夹具的选择与使用方法；普通机床刀具（各类车刀、铣刀、麻花钻、铰刀、砂轮等）的选择与使用方法；量具（游标卡尺、千分尺、游标万能角度尺、百分表等）的选择与使用方法；普通机床及其附件、工量具等的维护保养方法。

五、模具零件普通机床加工质量检测与评估

实践知识：拉杆外圆、外螺纹的检测；导滑块平面的检测；限位块轮廓、工艺孔的检测；型腔拼块外形、销孔的检测；底座凹槽、螺纹孔的检测；滑块台阶、斜面的检测。

理论知识：拉杆外圆、外螺纹的误差产生原因与调整方法；导滑块平面的误差产生原因与调整方法；限位块轮廓、工艺孔的误差产生原因与调整方法；型腔拼块外形、销孔的误差产生原因与调整方法；底座凹槽、螺纹孔的误差产生原因与调整方法；滑块台阶、斜面的误差产生原因与调整方法。

六、工作总结、成果展示与经验交流

实践知识：撰写工作总结；模具零件普通机床加工成果展示；侧向抽芯机构零件验收；工作总结汇报；小组成员经验交流；侧向抽芯机构零件质量互相点评。

理论知识：工作总结文档内容、结构与排版相关知识；侧向抽芯机构零件的验收与交付标准。

七、通用能力、职业素养、思政素养

自主学习、自我管理、信息检索、理解与表达、交往与合作、创新思维、解决问题等通用能力，安全意识、质量意识、规范意识、效率意识、成本意识、环保意识、市场意识、服务意识等职业素养，以及劳模精神、劳动精神、工匠精神等思政素养。

参考性学习任务

序号	名称	学习任务描述	参考学时
1	拉杆的加工	某企业接到加工盒盖注射模侧向抽芯机构工作任务，需要对盒盖注射模侧向抽芯机构拉杆的端面、外圆、螺纹进行加工。 模具工从车间主管处接受盒盖注射模侧向抽芯机构拉杆加工的工作任务，阅读任务单，与师傅沟通，准确获取加工信息并制订工作计划；识读图样和加工工艺卡，明确拉杆的技术要求，根据加工工艺卡领取材料，准备90°外圆车刀、卡盘扳手、刀架扳手、游标卡尺、外径千分尺、M8板牙及板牙架、螺纹环规等，依照要求加工拉杆，加工完毕后自检，自检后交车间主管检验，确保零件精度；正确填写任务单的验收项目，交付验收。 在工作过程中严格遵守安全生产制度、环保管理制度和8S管理规定。	24
2	导滑块的加工	某企业接到加工盒盖注射模侧向抽芯机构工作任务，需要对盒盖注射模侧向抽芯机构导滑块进行平面、外形和台阶铣削加工。 模具工从车间主管处接受盒盖注射模侧向抽芯机构导滑块铣削加工的工作任务，阅读任务单，与师傅沟通，准确获取加工信息并制订工作计划；识读图样和加工工艺卡，明确导滑块的技术要求，根据加工工艺卡领取材料，准备平口钳、立铣刀、游标卡尺、千分尺、游标高度卡尺等，检查并调整铣床设备，确保铣床精度符合要求，依照要求铣削零件，加工完毕后按相关技术要求进行自检，自检后交车间主管检验，确保零件精度；正确填写任务单的验收项目，交付验收。 在工作过程中严格遵守安全生产制度、环保管理制度和8S管理规定。	24
3	限位块的加工	某企业接到加工盒盖注射模侧向抽芯机构工作任务，需要对盒盖注射模侧向抽芯机构限位块进行平面、外形和台阶铣削加工以及加工限位块的通孔。 模具工从车间主管处接受盒盖注射模侧向抽芯机构限位块加工的工作任务，阅读任务单，与师傅沟通，准确获取加工信息并制订工作计划；识读图样和加工工艺卡，明确限位块的技术要求，根据加工工艺卡领取材料，准备平口钳、中心钻、麻花钻、立铣刀、游标卡尺、千分尺、游标高度卡尺等，检查并调整铣床、钻床设备，确保铣床、钻床精度符合要求，依照要求加工零件，加工完毕后按相关技术要求进行自检，自检后交车间主管检验，确保零件精度；正确填写任务单的验收项目，交付验收。 在工作过程中严格遵守安全生产制度、环保管理制度和8S管理规定。	24
4	型腔拼块的加工	某企业接到加工盒盖注射模侧向抽芯机构工作任务，需要对盒盖注射模侧向抽芯机构型腔拼块进行铣削加工。 模具工从车间主管处接受盒盖注射模侧向抽芯机构型腔拼块加工的工作	56

4	型腔拼块的加工	任务,阅读任务单,与师傅沟通,准确获取加工信息并制订工作计划;识读图样和加工工艺卡,明确型腔拼块的技术要求,根据加工工艺卡领取材料,准备平口钳、中心钻、麻花钻、铰刀、立铣刀、游标卡尺、千分尺、游标高度卡尺等,检查并调整铣床、钻床设备,确保铣床、钻床精度符合要求,依照要求加工零件,加工完毕后按相关技术要求进行自检,自检后交车间主管检验,确保零件精度;正确填写任务单的验收项目,交付验收。 在工作过程中严格遵守安全生产制度、环保管理制度和 8S 管理规定。	
5	底座的加工	某企业接到加工盒盖注射模侧向抽芯机构工作任务,需要对盒盖注射模侧向抽芯机构底座进行铣削加工等加工。 模具工从车间主管处接受盒盖注射模侧向抽芯机构底座加工的工作任务,阅读任务单,与师傅沟通,准确获取加工信息并制订工作计划;识读图样和加工工艺卡,明确底座的技术要求,根据加工工艺卡领取材料,准备平口钳、中心钻、麻花钻、铰刀、丝锥、立铣刀、游标卡尺、千分尺、游标高度卡尺等,检查并调整铣床、钻床设备,确保铣床、钻床精度符合要求,依照要求加工零件,加工完毕后按相关技术要求进行自检,自检后交车间主管检验,确保零件精度;正确填写任务单的验收项目,交付验收。 在工作过程中严格遵守安全生产制度、环保管理制度和 8S 管理规定。	56
6	滑块的加工	某企业接到加工盒盖注射模侧向抽芯机构工作任务,需要对盒盖注射模侧向抽芯机构滑块进行斜面铣削加工、台阶磨削加工等加工。 模具工从车间主管处接受盒盖注射模侧向抽芯机构滑块加工的工作任务,阅读任务单,与师傅沟通,准确获取加工信息并制订工作计划;识读图样和加工工艺卡,明确滑块的技术要求,根据加工工艺卡领取材料,准备平口钳、中心钻、麻花钻、铰刀、丝锥、立铣刀、游标卡尺、千分尺、游标高度卡尺等,检查并调整铣床、钻床设备,确保铣床、钻床精度符合要求,依照要求加工零件,加工完毕后按相关技术要求进行自检,自检后交车间主管检验,确保零件精度;正确填写任务单的验收项目,交付验收。 在工作过程中严格遵守安全生产制度、环保管理制度和 8S 管理规定。	56

教学实施建议

1. 教学组织方式方法建议

采用行动导向的教学方法。为确保教学安全,增强教学效果,建议采用分组教学的形式(5~6人/组);在完成工作任务的过程中,教师需加强示范与指导,合理融入思政课程,注重学生规范操作和职业素养的培养。

2. 教学资源配备建议

(1)教学场地

模具零件普通机床加工一体化学习工作站须具备良好的安全、照明和通风条件,可分为集中教学区、分组教学区、信息检索区、工具存放区和成果展示区，并配备相应的多媒体教学设备、压缩空气供给系统等设施，面积以至少同时容纳 35 人开展教学活动为宜。

（2）工具、材料、设备（按组配置）

通用工具、模具零件加工专用工具、量具（游标卡尺、千分尺、游标万能角度尺、百分表、刀口形直角尺、游标高度卡尺等）、刀具（车刀、铣刀、麻花钻、砂轮等）、辅具（压板、垫铁、气枪等）；模具坯料、清洗液、润滑油等；车床、铣床、磨床、钻床等。

（3）教学资料

以工作页为主，配备教材、加工工艺手册等教学资料。

<hr>

教学考核要求

采用过程性考核和终结性考核相结合的方式。

1. 过程性考核

采用自我评价、小组评价和教师评价相结合的方式进行考核；让学生学会自我评价，教师要观察学生的学习过程，结合学生的自我评价、小组评价进行总评并提出改进建议。

（1）课堂考核：考核出勤、学习态度、课堂纪律、小组合作与展示等情况。

（2）作业考核：考核工作页的完成、课后练习等情况。

（3）阶段考核：书面测试、实操测试、口述测试。

2. 终结性考核

学生根据情境描述中的要求，制订加工计划，根据加工工艺卡，按照加工规范，在规定时间内完成模具零件的加工，加工的模具零件要符合技术标准和安装要求。

考核任务案例：注射模侧向抽芯机构滑块零件加工。

【情境描述】

某企业要加工塑料盒盖，由于产量较大，采用注射成型方式生产，要求模具制造企业设计并加工 5 套盒盖注射模。模具制造企业设计部门已经设计好模具并编写好加工工艺。现车间主管安排模具工负责加工盒盖注射模的侧向抽芯机构滑块零件。加工完成的侧向抽芯机构滑块零件应能够符合装配要求。

【任务要求】

（1）能正确阅读和分析任务单、工艺文件和零件图，明确工作任务要求。

（2）能准确查阅相关资料，正确领取所需工具、量具、刀具及辅具，并检查设备的完好性。

（3）能规范操作普通机床，合理选用装夹方式，完成零件加工。在工作过程中，严格执行企业操作规范、安全生产制度、环保管理制度以及 8S 管理规定。

（4）能按企业内部的检验规范进行相应工作的自检，并填写零件自检表。

（5）在规定时间内完成零件加工，并达到图样技术要求。

（6）能与组员、仓库管理员等相关人员进行有效、专业的沟通与合作。

【参考资料】

完成上述任务时，可以使用常见参考资料，如专业教材、普通机床设备使用说明书、模具制造手册、个人笔记等。

（三）模具零件数控机床加工课程标准

工学一体化课程名称	模具零件数控机床加工	基准学时	240

典型工作任务描述

模具零件数控机床加工是指使用数控机床加工零件的机械加工方法。按工艺用途不同，数控机床通常分数控车床、数控铣床、加工中心、数控电火花线切割机床、数控电火花成形机床等，模具零件的数控机床加工分数控车削加工、数控铣削加工、数控电火花线切割加工、数控电火花成形加工等。

在模具制造过程中，对形状复杂、精度高的零件，为了保证精度，往往需要模具工操作数控机床对零件进行加工。

模具工从车间主管处领取任务单，明确任务要求，制订工作计划，根据图样及车间加工条件，查阅相关资料，制定加工工艺，交车间主管审核后，领取材料，准备工量辅具，编制零件数控加工程序，加工零件，零件加工完毕后自检，自检后交车间主管检验，通过三坐标测量机、表面粗糙度测量仪或通用量具、专用量具进行零件质量检验，进行质量分析与方案优化，检验合格后交付零件。完成加工现场的整理、设备和工量刃具的维护保养、工作日志的填写等工作。

加工过程中，模具工应严格遵守企业操作规程、常用量具的保养规范、企业质量体系管理制度、安全生产制度、环保管理制度、8S 管理规定等。对加工产生的废件依据《中华人民共和国固体废物污染环境防治法》要求，进行集中收集管理，再按废弃物管理规定进行处理，维护车间生产安全。

工作内容分析

工作对象：	工具、材料、设备与资料：	工作要求：
1. 任务单的阅读； 2. 工作计划的制订； 3. 零件图的识读； 4. 相关资料的查阅； 5. 加工工艺的制定； 6. 材料的领取； 7. 工量夹辅具的准备； 8. 数控加工程序的编制； 9. 零件的加工； 10. 零件的检验；	1. 工具：通用工具、模具零件加工专用工具、量具（游标卡尺、千分尺、游标万能角度尺、百分表等）、刀具（车刀、铣刀、麻花钻、铰刀、丝锥等）、辅具（压板、垫铁、气枪等）； 2. 材料：模具坯料、清洗液、润滑油等； 3. 设备：数控车床、数控铣床（或加工中心）、数控电火花线切割机床、数控电火花成形机床等； 4. 资料：任务单、领料单、模具零件图、模具制造手册、数控机床设备说明书、工作计划模板等。 **工作方法：** 任务单的阅读，工作计划的制订，零件图的识读，相关资料的查阅，加工工艺的制定，材料的领取，工量夹辅具的准备，	1. 能正确阅读和分析模具零件数控机床加工任务单，接受工作任务后准确获取加工信息，明确工作内容和要求； 2. 能根据任务单准确、快速查阅相应的模具制造手册及其他相关资料，制订合理的工作计划； 3. 能根据生产条件进行合理的劳动组织安排，制定合理的加工工艺； 4. 能根据模具零件图和加工工艺要求，填写领料单，并领取材料、工量辅具，选用合适的数控机床设备； 5. 能根据零件图和加工工艺要求，编写合理的数控加工程序，按规范加工零件，填写工作记录单，并严格执行安全生产制度、环保管理制度和8S管理规定； 6. 能按相关技术指标进行自检，自检

| 11. 零件的交付。 | 零件加工程序的生成，零件的加工与检验，模具零件质量检验法的运用。

劳动组织方式：
　　以独立或小组合作的方式进行。从车间主管处领取工作任务，从生产管理部门借阅模具制作资料，从材料管理部门领取材料，从工具管理部门领取专用工量辅具及检测设备，必要时与车间主管进行模具零件加工的沟通，零件自检合格后交付车间主管进行质量检验。 | 完成后交车间主管检验，确保零件精度；
　　7. 能在零件加工完成后对数控机床、工量具进行规范维护保养；
　　8. 能在生产过程中严格遵守职业道德，与资料管理员、工具管理员、仓库管理员和车间主管等相关人员进行有效沟通与合作，具备吃苦耐劳、爱岗敬业的精神。 |

课程目标

学习完本课程后，学生应能胜任模具零件数控机床加工工作，包括：

1. 能正确阅读和分析模具零件数控机床加工任务单，接受工作任务后准确获取加工信息，明确工作内容和要求。

2. 能根据任务单准确、快速查阅相应的模具制造手册及其他相关资料，制订合理的工作计划。

3. 能根据生产条件进行合理的劳动组织安排，制定合理的加工工艺。

4. 能根据模具零件图和加工工艺要求，填写领料单，并领取材料、工量辅具，选用合适的数控机床设备。

5. 能根据零件图和加工工艺要求，编写合理的数控加工程序，按规范加工零件，填写工作记录单，并严格执行安全生产制度、环保管理制度和8S管理规定。

6. 能按相关技术指标进行自检，自检完成后交车间主管检验，确保零件精度。

7. 能在零件加工完成后对数控机床、工量具进行规范维护保养。

8. 能在生产过程中严格遵守职业道德，与资料管理员、工具管理员、仓库管理员和车间主管等相关人员进行有效沟通与合作，具备吃苦耐劳、爱岗敬业的精神。

9. 能在工作过程中，进行资料收集、整合，团结协作，利用多媒体设备和专业术语展示工作成果。

学习内容

本课程的主要学习内容包括：

一、任务单的阅读分析及资料的查询

实践知识：任务单的阅读；模具零件（开关盒注射模型腔、过滤瓶注射模型芯、啤酒瓶扳手冲裁模凸模与凹模、遥控器盒注射模型腔）图样的识读；模具制造手册、数控机床设备使用说明书等资料的查阅；模具零件数控机床加工工作环境和设备检查。

理论知识：模具零件（开关盒注射模型腔、过滤瓶注射模型芯、啤酒瓶扳手冲裁模凸模与凹模、遥控器盒注射模型腔）的作用、结构、加工工艺要点等；识读和绘制模具零件（开关盒注射模型腔、过滤瓶注射模型芯、啤酒瓶扳手冲裁模凸模与凹模、遥控器盒注射模型腔）图样的方法；安全生产制度和8S管理规定的内容。

二、模具零件数控机床加工方案的制定

实践知识：模具零件（开关盒注射模型腔、过滤瓶注射模型芯、啤酒瓶扳手冲裁模凸模与凹模、遥控器盒注射模型腔）加工工艺卡填写；模具零件（开关盒注射模型腔、过滤瓶注射模型芯、啤酒瓶扳手冲裁模凸模与凹模、遥控器盒注射模型腔）的数控加工程序编制；填写工量具准备清单，领用所需的标准件、量具、刀具和材料；编写模具零件（开关盒注射模型腔、过滤瓶注射模型芯、啤酒瓶扳手冲裁模凸模与凹模、遥控器盒注射模型腔）制作工作步骤。

理论知识：模具零件（开关盒注射模型腔、过滤瓶注射模型芯、啤酒瓶扳手冲裁模凸模与凹模、遥控器盒注射模型腔）加工工艺分析与编程方法；模具零件数控机床加工工艺文件的制定方法；模具零件材料选用原则；模具零件数控机床加工定位与装夹方法；模具零件数控机床加工设备型号、规格及用途；模具零件数控机床加工工作步骤与要求。

三、模具零件数控机床加工方案的审核确认

实践知识：模具零件数控机床加工方案展示与汇报；模具零件（开关盒注射模型腔、过滤瓶注射模型芯、啤酒瓶扳手冲裁模凸模与凹模、遥控器盒注射模型腔）加工工艺与程序设计优化；模具零件（开关盒注射模型腔、过滤瓶注射模型芯、啤酒瓶扳手冲裁模凸模与凹模、遥控器盒注射模型腔）加工工作步骤优化。

理论知识：模具零件（开关盒注射模型腔、过滤瓶注射模型芯、啤酒瓶扳手冲裁模凸模与凹模、遥控器盒注射模型腔）加工精度要求；模具零件数控机床加工的工作步骤优化方法。

四、模具零件数控机床加工的实施

实践知识：数控车床、数控铣床、数控电火花线切割机床、数控电火花成形机床的操作；数控机床夹具的安装与找正；数控机床刀具（各类车刀、铣刀、麻花钻、铰刀等）的安装与使用；模具零件加工（开关盒注射模型腔加工、过滤瓶注射模型芯加工、啤酒瓶扳手冲裁模凸模与凹模加工、遥控器盒注射模型腔加工）；加工中使用各类量具（刀口形直角尺、游标卡尺、百分表等）检测被加工零件的尺寸精度、几何精度（直线度、平行度、垂直度等）、表面粗糙度；数控机床及其附件、工量具的维护保养；工作进度表的填写。

理论知识：数控机床（数控车床、数控铣床、数控电火花线切割机床、数控电火花成形机床）的安全操作要求及方法；通用夹具、专用夹具的选择与使用方法；数控机床刀具（各类车刀、铣刀、麻花钻、铰刀等）的选择与使用方法；量具（游标卡尺、千分尺、游标万能角度尺、百分表等）的选择与使用方法；数控机床及其附件、工量具的维护保养方法。

五、模具零件数控机床加工质量检测与评估

实践知识：开关盒注射模型腔的检测；过滤瓶注射模型芯的检测；啤酒瓶扳手冲裁模凸模与凹模的检测；遥控器盒注射模型腔的检测。

理论知识：开关盒注射模型腔的误差产生原因与调整方法；过滤瓶注射模型芯的误差产生原因与调整方法；啤酒瓶扳手冲裁模凸模与凹模的误差产生原因与调整方法；遥控器盒注射模型腔的误差产生原因与调整方法。

六、工作总结、成果展示与经验交流

实践知识：撰写工作总结；模具零件数控机床加工成果展示；模具零件（开关盒注射模型腔、过滤瓶注射模型芯、啤酒瓶扳手冲裁模凸模与凹模、遥控器盒注射模型腔）验收；工作总结汇报；小组成员经验交流；模具零件质量互相点评。

理论知识：工作总结文档内容、结构与排版相关知识；模具零件（开关盒注射模型腔、过滤瓶注射模型芯、啤酒瓶扳手冲裁模凸模与凹模、遥控器盒注射模型腔）的验收与交付标准。

七、通用能力、职业素养、思政素养

自主学习、自我管理、信息检索、理解与表达、交往与合作、创新思维、解决问题等通用能力，安全意识、质量意识、规范意识、效率意识、成本意识、环保意识、市场意识、服务意识等职业素养，以及劳模精神、劳动精神、工匠精神等思政素养。

序号	名称	学习任务描述	参考学时
		参考性学习任务	
1	开关盒注射模型腔的数控铣削加工	某企业接到一份订单，需要制造开关盒注射模型腔。根据零件的特点和技术要求，应采用数控铣床加工。 模具工从车间主管处接受工作任务，阅读开关盒注射模型腔的任务单，明确任务内容和要求；根据加工要求，制定工作计划；识读零件图；查阅数控铣床的相关资料；独立制定加工工艺，保证模具的顺利加工；正确选取材料；准备零件加工所需的工量夹辅具，检查安全装置，确保其具有正常功能；独立编制数控加工程序，优化程序，提高加工效率；根据零件图和加工工艺卡进行零件的加工；加工完毕后，按相关技术要求进行自检，自检完成后交车间主管检验，确保零件精度；正确填写任务单的验收项目，交付验收。 在工作过程中严格遵守安全生产制度、环保管理制度和8S管理规定。	60
2	过滤瓶注射模型芯的数控车削加工	某企业接到一份订单，需要制造过滤瓶注射模型芯。根据零件的特点和技术要求，应采用数控车床加工。 模具工从车间主管处接受工作任务，阅读过滤瓶注射模型芯的任务单，明确任务内容和要求；根据加工要求，制订工作计划；识读零件图；查阅数控车床的相关资料；独立制定加工工艺，保证模具的顺利加工；正确选取材料；准备零件加工所需的工量夹辅具，检查安全装置，确保其具有正常功能；独立编制数控加工程序，优化程序，提高加工效率；根据零件图和加工工艺卡进行零件的加工；加工完毕后，按相关技术要求进行自检，自检完成后交车间主管检验，确保零件精度；正确填写任务单的验收项目，交付验收。 在工作过程中严格遵守安全生产制度、环保管理制度和8S管理规定。	60
3	啤酒瓶扳手冲裁模凸模与凹模的数控电火花线切割加工	某企业接到一份订单，需要制造啤酒瓶扳手冲裁模凸模与凹模。根据零件的特点和技术要求，应采用数控电火花线切割机床加工。 模具工从车间主管处接受工作任务，阅读啤酒瓶扳手冲裁模凸模与凹模的任务单，明确任务内容和要求；根据加工要求，制订工作计	60

3	啤酒瓶扳手冲裁模凸模与凹模的数控电火花线切割加工	划；识读零件图；查阅数控电火花线切割机床的相关资料；正确选取材料；准备零件加工所需的工量夹辅具，检查安全装置，确保其具有正常功能，独立编制数控加工程序，优化程序，提高加工效率；根据零件图和加工工艺卡进行零件的加工；加工完毕后，按相关技术要求进行自检，自检完成后交车间主管检验，确保零件精度；正确填写任务单的验收项目，交付验收。 在工作过程中严格遵守安全生产制度、环保管理制度和 8S 管理规定。	
4	遥控器盒注射模型腔的数控电火花成形加工	某企业接到一份订单，需要制造遥控器盒注射模型腔。根据零件的特点和技术要求，应采用数控电火花成形机床加工。 模具工从车间主管处接受工作任务，阅读遥控器盒注射模型腔的任务单，明确任务内容和要求；根据加工要求，制订工作计划；识读零件图；查阅数控电火花成形机床的相关资料；独立制定加工工艺，保证模具的顺利加工；正确选取材料；准备零件加工所需的工量夹辅具，检查安全装置，确保其具有正常功能；独立编制数控加工程序，优化程序，提高加工效率；根据零件图和加工工艺卡进行零件的加工；加工完毕后，按相关技术要求进行自检，自检完成后交车间主管检验，确保零件精度；正确填写任务单的验收项目，交付验收。 在工作过程中严格遵守安全生产制度、环保管理制度和 8S 管理规定。	60

教学实施建议

1. 教学组织方式方法建议

采用行动导向的教学方法。为确保教学安全，增强教学效果，建议采用分组教学的形式（3~4 人/组）；在完成工作任务的过程中，教师需加强示范与指导，合理融入思政课程，注重学生规范操作和职业素养的培养。

2. 教学资源配备建议

（1）教学场地

模具零件数控机床加工一体化学习工作站须具备良好的安全、照明和通风条件，可分为集中教学区、分组教学区、信息检索区、工具存放区和成果展示区，并配备相应的多媒体教学设备、压缩空气供给系统等设施，面积以至少同时容纳 35 人开展教学活动为宜。

（2）工具、材料、设备（按组配置）

通用工具、模具零件加工专用工具、量具（游标卡尺、千分尺、游标万能角度尺、百分表等）、刀具（车刀、铣刀、麻花钻、铰刀、丝锥等）、辅具（压板、垫铁、气枪等）；模具坯料、清洗液、润滑油等；数控车床、数控铣床（或加工中心）、数控电火花线切割机床、数控电火花成形机床等。

（3）教学资料

以工作页为主，配备教材、加工工艺手册等教学资料。

教学考核要求

采用过程性考核和终结性考核相结合的方式。

1. 过程性考核

采用自我评价、小组评价和教师评价相结合的方式进行考核；让学生学会自我评价，教师要善于观察学生的学习过程，结合学生的自我评价、小组评价进行总评并提出改进建议。

（1）课堂考核：考核出勤、学习态度、课堂纪律、小组合作与展示等情况。

（2）作业考核：考核工作页的完成、课后练习等情况。

（3）阶段考核：书面测试、实操测试、口述测试。

2. 终结性考核

学生根据情境描述中的要求，制订加工计划，按照加工工艺要求，在规定时间内完成模具零件的加工，加工的模具零件要符合技术标准和安装要求。

考核任务案例：遥控器盒注射模型腔加工。

【情境描述】

某企业要加工遥控器盒，由于产量较大，采用注射成型工艺生产，要求模具制造企业设计并加工5套遥控器盒注射模。模具制造企业设计部门已经设计好模具，现车间主管安排模具工负责加工遥控器盒注射模型腔。加工完成的遥控器盒注射模型腔应能够符合装配要求。

【任务要求】

根据任务情境描述，在规定时间内，完成遥控器盒注射模型腔加工。

（1）制订工作计划，编写加工工艺。

（2）确定工量辅具、刀具，选用合适的机床。

（3）按照情境描述的情况，加工遥控器盒注射模型腔，同时填写零件验收单。

（4）总结、展示产品的生产技术要点，提出改进措施，形成改进报告。

【参考资料】

完成上述任务时，可以使用常见参考资料，如专业教材、数控机床设备使用说明书、模具制造手册、个人笔记等。

（四）单工序冷冲压模具制作课程标准

工学一体化课程名称	单工序冷冲压模具制作	基准学时	120

典型工作任务描述

单工序冷冲压模具是指在压力机上一次行程内完成一道冲压工序，使板料产生分离或塑性变形，从而获得具有一定形状、尺寸和精度制件的模具。单工序冷冲压模具根据材料成型特点可分为冲裁模、弯曲模、拉深模等。

企业生产批量大、结构简单的金属制件时，为了降低成本，需要安排模具工制作单工序冷冲压模具，用以生产金属制件。

模具工从车间主管处接受单工序冷冲压模具制作任务，阅读任务单，识读模具零件图和装配图，明确任务要求，查阅模具制造手册及相关资料，根据工艺卡领用材料，准备工量辅具，按照工艺卡进行模具零件加工、模具装配与调试，试模后对制件进行自检，并交车间主管进行验收，验收合格后交付模具。

单工序冷冲压模具制作过程中，模具工应严格按工艺卡与操作规程进行加工，遵守安全生产制度，生产过程中产生的废料、废水与废油等按环保管理制度处理，执行8S管理规定。

工作内容分析

工作对象：	工具、材料、设备与资料：	工作要求：
1. 单工序冷冲压模具制作任务单的分析； 2. 单工序冷冲压模具图样的分析； 3. 模具制造手册、冷冲压设备使用说明书、单工序冷冲压模具制作案例等资料的查阅； 4. 所需标准件、工具、量具、刀具和材料等的领用； 5. 模具零件的加工及检测； 6. 模具的装配； 7. 制件冲压成型与模具的调整； 8. 场地的清理、物品的归置； 9. 设备、工量具的维护保养。	1. 工具：通用工具（锯弓、铰杠等）、量具（游标卡尺、千分尺、游标万能角度尺、百分表等）、刀具（车刀、铣刀、麻花钻、铰刀、丝锥等）、辅具（压板、垫铁、气枪等）； 2. 材料：试模金属原料、模具坯料、模具标准件等； 3. 设备：车床、铣床、磨床、钻床、压力机等； 4. 资料：任务单、零件图、装配图、模具制造手册、模具标准手册、冷冲压设备使用说明书等。 **工作方法：** 任务单的阅读，模具零件图和装配图的识读，相关资料的查阅，工量具的使用，车床、铣床、磨床、钻床等普通机床的操作，单工序冷冲压模具零件的钳加工，单工序冷冲压模具的装配、安装、调试。 **劳动组织方式：** 从车间主管处领取工作任务；与其他部门有效沟通、协调；从仓库领取刀具、工具、量具和材料；一般以小组合作形式完成单工序冷冲压模具制作；自检合格后交付车间主管进行验收。	1. 能依据单工序冷冲压模具制作任务单，与车间主管、小组成员等相关人员进行充分的沟通，完成任务单分析，明确工作内容和要求； 2. 能识读模具零件图及装配图、工艺卡，明确模具零件材料、机床、工量刀具、场地规章制度等情况，并填写工量具准备清单，领用所需的标准件、量具、刀具和材料； 3. 能依据单工序冷冲压模具零件加工要求，采用钳加工方式和操作普通机床加工出合格零件，并能在加工中使用游标卡尺、塞尺、刀口形直角尺、百分表等常用量具对零件进行检验； 4. 能依据模具装配工艺卡的要求完成模具装配； 5. 能依据安全操作规程，使用吊装设备吊装模具，将其安装到压力机上，依据模具工艺卡冲压成型制件，根据制件质量调整模具，制件合格后将模具交付车间主管进行验收； 6. 能按照现场管理规范清理场地、归置物品，按照环保管理制度处理废油液等废弃物并填写工作记录单； 7. 能在单工序冷冲压模具制作过程中对机床、工量具进行规范维护保养。

课程目标

学习完本课程后，学生应能胜任单工序冷冲压模具制作工作，包括：

1. 能依据单工序冷冲压模具制作任务单，与车间主管、小组成员等相关人员进行充分的沟通，完成任务单分析，明确工作内容和要求。

2. 能依据单工序冷冲压模具图样，通过查询冷冲压模具结构等相关资料获取模具各部件的功用、材料性能等有效信息。

3. 能识读模具零件图及装配图、工艺卡，明确模具零件材料、机床、工量刃具、场地规章制度等情况，并填写工量具准备清单，领用所需的标准件、量具、刀具和材料。

4. 能依据单工序冷冲压模具零件加工要求，采用钳加工方式和操作普通机床加工出合格零件，并能在加工中使用游标卡尺、塞尺、刀口形直角尺、百分表等常用量具对零件进行检验。

5. 能依据模具装配工艺卡的要求完成模具装配。

6. 能依据安全操作规程，使用吊装设备吊装模具，将其安装到压力机上，依据模具工艺卡冲压成型制件，根据制件质量调整模具，制件合格后将模具交付车间主管进行验收。

7. 能按照现场管理规范清理场地、归置物品，按照环保管理制度处理废油液等废弃物并填写工作记录单。

8. 能在单工序冷冲压模具制作过程中对机床、工量具进行规范维护保养。

9. 能在工作过程中，进行资料收集、整合，团结协作，利用多媒体设备和专业术语展示工作成果。

学习内容

本课程的主要学习内容包括：

一、任务单、模具图样的分析及资料查阅

实践知识：单工序冷冲压模具制作任务单的识读，单工序冷冲压模具图样分析；加工工艺卡、加工工序卡的识读；模具零件图和装配图识读；模具制造手册、冷冲压设备使用说明书、单工序冷冲压模具制作案例等资料收集与查阅。

理论知识：单工序冷冲压模具制作任务单的识读方法；模具零件加工流转单的填写方法；模具零件图、装配图技术标准；加工工艺卡、加工工序卡内容；单工序冷冲压模具制作案例。

二、单工序冷冲压模具制作方案的制定

实践知识：制订单工序冷冲压模具制作工作计划；模具零件与装配技术要求分析；工具、材料、设备的选择；常用设施选择；单工序冷冲压模具制作方案撰写。

理论知识：单工序冷冲压模具制作工作计划制订方法；单工序冷冲压模具制作前期准备工作内容；冷冲压模具制作基础知识；钳加工和普通机床加工基础知识。

三、单工序冷冲压模具制作方案的审核确认

实践知识：单工序冷冲压模具制作方案汇报；课件制作与演示；单工序冷冲压模具制作方案合理性判断；方案优化。

理论知识：单工序冷冲压模具制作方案选择依据；汇报型课件的内容、结构与排版相关知识；方案优化方法。

四、单工序冷冲压模具制作

实践知识：领料单的填写；工量辅具、刀具、夹具、坯料领取和使用；单工序冷冲压模具制作加工工艺制定；模具零件钳加工和普通机床加工；模具零件的检测；零件检测数据填写；模具零件的装配；模具制作工作记录单的填写。

理论知识：单工序冷冲压模具制作方法；加工类型的选择方法；模具零件加工方式确定方法；常用量具的检测方法；零件检测数据填写方法；零件加工误差分析与计算方法；工作记录单的填写方法。

五、单工序冷冲压模具试模与调整

实践知识：按规范吊装模具；压力机的使用；压力机参数选择；制件材料选用；制件精度检测及加工质量分析；模具调整。

理论知识：压力机安全操作规程；模具吊装注意事项；压力机的使用方法；压力机参数选择原则；制件材料分类及特点；制件质量控制方法；模具调整方法。

六、单工序冷冲压模具质量评估、验收及技术资料归档

实践知识：规范填写单工序冷冲压模具制作质量评审表；模具的规范放置；与车间主管沟通完成产品的交接；与车间主管沟通完成模具制作资料的提交与存档；填写单工序冷冲压模具制作验收单；刀具、量具、工具、辅具的清理、保养和归还；按照环保管理制度处理废油液等废弃物并填写工作记录单；根据8S管理规定，整理整顿工作现场。

理论知识：单工序冷冲压模具制作验收标准及验收方法；刀具、量具、工具和辅具的清理、保养方法；资料存档方法；产品交接流程；处理废油液等废弃物的相关环保要求。

七、通用能力、职业素养、思政素养

自主学习、自我管理、信息检索、理解与表达、交往与合作、创新思维、解决问题等通用能力，安全意识、质量意识、规范意识、效率意识、成本意识、环保意识、市场意识、服务意识等职业素养，以及劳模精神、劳动精神、工匠精神等思政素养。

参考性学习任务

序号	名称	学习任务描述	参考学时
1	冲裁模制作	某企业接到一份啤酒瓶扳手生产订单，需加工80 000件啤酒瓶扳手，加工费0.3元/件。根据该产品的特点，企业决定采用单工序冲裁模进行冷冲压加工。 模具工从车间主管处接受单工序冲裁模制作任务，阅读任务单，明确任务要求，识读模具零件图和装配图、工艺卡，根据工艺卡要求明确材料、机床、场地、工量刃具、工期、质量、安全等要求，根据工艺卡领用材料，准备工量辅具，按照工艺卡进行模具零件加工、模具装配与调试，试模后对制件进行自检，并交车间主管进行验收，验收合格后交付模具。 在工作中遵守企业制定的操作规范、安全生产制度和8S管理规定。	40
2	弯曲模制作	某企业接到一份台灯灯罩生产订单，需加工50 000件台灯灯罩，加工费0.3元/件。根据该产品的特点，企业决定采用单工序弯曲模进行冷冲压加工。 模具工从车间主管处接受单工序弯曲模制作任务，阅读任务单，明确任务要求，识读模具零件图和装配图、工艺卡，根据工艺卡要求明	40

2	弯曲模制作	确材料、机床、场地、工量刃具、工期、质量、安全等要求，根据工艺卡领用材料，准备工量辅具，按照工艺卡进行模具零件加工、模具装配与调试，试模后对制件进行自检，并交车间主管进行验收，验收合格后交付模具。 在工作中遵守企业制定的操作规范、安全生产制度和8S管理规定。	
3	拉深模制作	某企业接到一份清凉油盒生产订单，需加工100 000件清凉油盒。根据该产品的特点，企业决定采用单工序拉深模进行冷冲压加工。 模具工从车间主管处接受单工序拉深模制作任务，阅读任务单，明确任务要求，识读模具零件图和装配图、工艺卡，根据工艺卡要求明确材料、机床、场地、工量刃具、工期、质量、安全等要求，根据工艺卡领用材料、准备工量辅具，按照工艺卡进行模具零件加工、模具装配与调试，试模后对制件进行自检，并交车间主管进行验收，验收合格后交付模具。 在工作中遵守企业制定的操作规范、安全生产制度和8S管理规定。	40

教学实施建议

1. 教学组织方式方法建议

采用行动导向的教学方法。为确保教学安全，增强教学效果，建议采用分组教学的形式（4~5人/组）；在完成工作任务的过程中，教师需加强示范与指导，合理融入思政课程，注重学生规范操作和职业素养的培养。

2. 教学资源配备建议

（1）教学场地

单工序冷冲压模具制作一体化学习工作站须具备良好的安全、照明和通风条件，可分为集中教学区、分组教学区、信息检索区、工具存放区和成果展示区，并配备相应的多媒体教学设备、压缩空气供给系统等设施，面积以至少同时容纳35人开展教学活动为宜。

（2）工具、材料、设备（按组配置）

通用工具（锯弓、铰杠等）、量具（游标卡尺、千分尺、游标万能角度尺、百分表等）、刀具（车刀、铣刀、麻花钻、铰刀、丝锥等）、辅具（压板、垫铁、气枪等）；试模金属原料、模具坯料、模具标准件等；车床、铣床、磨床、钻床、压力机等。

（3）教学资料

以工作页为主，配备教材、冷冲压设备使用说明书、模具制造手册等教学资料。

教学考核要求

采用过程性考核和终结性考核相结合的方式。

1. 过程性考核

采用自我评价、小组评价和教师评价相结合的方式进行考核；让学生学会自我评价，教师要善于观察学生的学习过程，结合学生的自我评价、小组评价进行总评并提出改进建议。

（1）课堂考核：考核出勤、学习态度、课堂纪律、小组合作与展示等情况。

（2）作业考核：考核工作页的完成、课后练习等情况。

（3）阶段考核：书面测试、实操测试、口述测试。

2. 终结性考核

学生根据情境描述中的要求，按照模具制作工艺卡要求，遵守企业安全生产制度，在规定时间内完成单工序冷冲压模具制作，试模后的制件按要求达到相应的加工精度，模具验收合格。

考核任务案例：V 形单工序弯曲模制作。

【情境描述】

某企业接到一客户的 V 形薄板零件生产订单，加工数量 50 000 件，企业决定采用单工序弯曲模进行 V 形薄板零件加工。由于加工数量大，加工周期短，故要求具有较高的加工效率。根据设计部门提供的模具零件图、装配图和工艺卡，车间主管决定安排模具工负责该单工序弯曲模的制作。

【任务要求】

根据任务情境描述，在规定时间内，完成模具制作进度的规划和模具制作任务的实施。

（1）列出单工序弯曲模的主要制作零件。

（2）按照情境描述的情况，进行模具零件加工、装配、调试并试模，同时填写工作进度表和试模报告表。

（3）如果还有其他问题需要询问客户或者模具交付时要向客户提出生产建议，把这些问题或建议整理成一份提纲，以备面谈时更好地进行沟通。

【参考资料】

完成上述任务时，可以使用常见参考资料，如专业教材、冷冲压设备使用说明书、模具制造手册、个人笔记等。

（五）单分型面塑料模具制作课程标准

工学一体化课程名称	单分型面塑料模具制作	基准学时	120
典型工作任务描述			

单分型面塑料模具是指只含有一个分型面的塑料模具，又称为两板式塑料模具。单分型面塑料模具按照脱模方式可分为单分型面推板模、单分型面推杆模、单分型面推管模等。

企业生产批量大、结构简单的塑料制件时，为了降低生产成本，实现高效生产，需要模具工制作单分型面塑料模具生产塑料制件。

模具工从车间主管处接受单分型面塑料模具制作任务，阅读任务单，分析模具结构，明确任务要求，查阅模具制作案例资料，识读模具零件图、装配图、工艺卡，明确模具零件材料、机床、工量刃具、场地规章制度等情况。按照零件图、装配图、工艺卡要求准备工量具，加工出合格模具零件，在师傅指导下装配、调试模具，根据制件质量调整模具。试模后对制件进行自检并交车间主管进行验收，验收合格后交付模具。

单分型面塑料模具制作过程中，模具工应严格按工艺卡与操作规程进行加工，遵守安全生产制度，生产过程中产生的废料、废水与废油等按环保管理制度处理，执行8S管理规定。

工作内容分析

工作对象：	工具、材料、设备与资料：	工作要求：
1. 单分型面塑料模具制作任务单的分析； 2. 单分型面塑料模具零件图、装配图的分析； 3. 模具制造手册、注塑机使用说明书等资料的查阅； 4. 所需标准件、工具、量具、刀具和材料等的领用； 5. 模具零件加工； 6. 模具的装配； 7. 模具的安装与调试； 8. 场地的清理、物品的归置； 9. 设备、工量具的维护保养。	1. 工具：通用工具（套筒扳手、梅花扳手、呆扳手、活动扳手、扭矩扳手、内六角扳手、十字旋具、一字旋具、铜棒、锤子、钢丝钳等）、量具（游标卡尺、千分尺、百分表等）、刀具（锉刀、刮刀等）； 2. 材料：塑料原料、单分型面塑料模具坯料、模具标准件、清洗液、润滑油、润滑脂、周转箱、钢丝、棉布、研磨膏、砂布、显示剂、脱模剂等； 3. 设备：车床、铣床、钻床、磨床、热处理设备、注塑机等； 4. 资料：任务单、模具制造手册、模具标准手册、注塑机使用说明书、企业规章制度等。 **工作方法：** 资料的查阅，工量具的使用，车床、铣床、磨床的操作，单分型面塑料模具零件的钳加工，成型零件的抛光，单分型面塑料模具的装配，单分型面塑料模具的安装与调试。 **劳动组织方式：** 从车间主管处领取工作任务；与其他部门有效沟通、协调；从仓库领取刀具、工具、量具和材料；一般以小组合作形式完成单分型面塑料模具制作；自检合格后交付车间主管进行验收。	1. 能依据单分型面塑料模具制作任务单，与车间主管、小组成员等相关人员进行充分的沟通，完成任务单分析，明确工作内容和要求； 2. 能识读模具零件图及装配图、工艺卡，明确模具零件材料、机床、工量刀具、场地规章制度等情况，并填写工量具准备清单，领用所需的标准件、量具、刀具和材料； 3. 能依据单分型面塑料模具零件加工要求，采用钳加工方式和操作普通机床加工出合格零件，并能在加工中使用游标卡尺、塞尺、刀口形直角尺、百分表等常用量具对零件进行检验； 4. 能依据模具装配工艺卡的要求完成模具装配； 5. 能依据安全操作规程，使用吊装设备吊装模具，将其安装到注塑机上，依据注射成型工艺卡注射成型制件，根据制件质量调整模具，制件合格后将模具交付车间主管进行验收； 6. 能在单分型面塑料模具制作过程中对机床、工量具进行规范维护保养； 7. 能严格遵守企业操作规范、安全生产制度、环保管理制度以及8S管理规定。

课程目标

学习完本课程后，学生应能胜任单分型面塑料模具制作工作，包括：

1. 能依据单分型面塑料模具制作任务单，与车间主管、小组成员等相关人员进行充分的沟通，完成任务单分析，明确工作内容和要求。

2. 能依据单分型面塑料模具图样，通过查询模塑工艺、塑料模具结构等相关资料获取模具各部件的功用、材料性能等有效信息。

3. 能识读模具零件图及装配图、工艺卡，明确模具零件材料、机床、工量刃具、场地规章制度等情况，并填写工量具准备清单，领用所需的标准件、量具、刀具和材料。

4. 能依据单分型面塑料模具零件加工要求，采用钳加工方式和操作普通机床加工出合格零件，并能在加工中使用游标卡尺、塞尺、刀口形直角尺、百分表等常用量具对零件进行检验。

5. 能依据模具装配工艺卡的要求完成模具装配。

6. 能依据安全操作规程，使用吊装设备吊装模具，将其安装到注塑机上，依据注射成型工艺卡注射成型制件，根据制件质量调整模具，制件合格后将模具交付车间主管进行验收。

7. 能在单分型面塑料模具制作过程中对机床、工量具进行规范维护保养。

8. 能定期检查工作进度并填写工作进度表。

9. 能在工作过程中，进行资料收集、整合，团结协作，利用多媒体设备和专业术语展示工作成果。

学习内容

本课程的主要学习内容包括：

一、任务单的分析及资料查阅

实践知识：任务单的阅读分析；单分型面塑料模具零件图、装配图的识读；模具制造手册、注塑机使用说明书等资料的查阅；塑料模具制作工作环境和设备检查。

理论知识：单分型面塑料模具的组成、整体结构特征、工作原理，各组成零件的作用、结构、加工工艺要点等；塑料制件结构、注射成型工艺特性；塑料分类及常见塑料的性能；单分型面塑料模具的注射成型工艺。

二、单分型面塑料模具制作方案的制定

实践知识：模具装配工艺卡、模具零件加工工艺卡阅读；填写工量具准备清单，领用所需的标准件、量具、刀具和材料；编写模具制作方案。

理论知识：模具零件加工工艺知识；模具装配工艺知识；模具零件材料的性能和用途；模具零件材料选用原则；工量刃具使用、安装、调整方法；加工设备型号、规格及用途；单分型面塑料模具制作工作步骤与要求。

三、单分型面塑料模具制作方案的审核确认

实践知识：模具制作方案汇报与展示；模具制作方案优化。

理论知识：加工设备基本操作方法；模具零件加工精度要求；模具装配精度要求；塑料制件注射成型精度要求。

四、单分型面塑料模具制作

实践知识：模具零件钳加工；模具零件普通机床加工；模具零件简单热处理；成型零件抛光；模具零件检测；模具装配；模具调试；塑料制件注射成型工艺参数的调整；塑料制件质量检测与分析；普通机床及其附件、工量具的维护保养；工作进度表的填写。

理论知识：零件钳加工、普通机床加工、光整加工和热处理方法；模具零件检测方法；模具装配、调试方法；塑料制件注射成型工艺；塑料制件质量检测与分析方法；普通机床及其附件、工量具等维护保养方法。

五、单分型面塑料模具质量检测与评估

实践知识：试模报告表的填写；单分型面塑料模具质量检测与评估。

理论知识：单分型面塑料模具质量检测与评估方法。

六、工作总结、成果展示与经验交流

实践知识：撰写工作总结；模具展示，塑料制件展示；模具验收；工作总结汇报；小组成员经验交流；单分型面塑料模具和制件质量互相点评。

理论知识：工作总结文档内容、结构与排版相关知识；单分型面塑料模具和塑料制件的验收与交付标准。

七、通用能力、职业素养、思政素养

自主学习、自我管理、信息检索、理解与表达、交往与合作、创新思维、解决问题等通用能力，安全意识、质量意识、规范意识、效率意识、成本意识、环保意识、市场意识、服务意识等职业素养，以及劳模精神、劳动精神、工匠精神等思政素养。

参考性学习任务

序号	名称	学习任务描述	参考学时
1	单分型面推板模制作	某企业接到塑料保鲜盒上盖模具生产订单。该企业设计部门根据产品外观要求及结构特征设计了单分型面推板模，同时完成了模具零件加工工艺、模具装配工艺、注射成型工艺的编制。现车间主管要求模具制造组（2～3人）按图样和工艺要求制作这套单分型面推板模。 　　模具工从车间主管处接受单分型面推板模的制作任务，阅读任务单，分析模具结构，明确任务要求。识读模具零件图及装配图、工艺卡，明确模具零件材料、机床、工量刃具、场地规章制度等情况。根据零件图、装配图、工艺卡要求，领用材料，准备工量刃具，使用机床加工模具零件后，进行模具装配与调试，在过程中检测零件加工精度和装配精度。定期检查工作进度并填写工作进度表，试模后对制件进行检测，并填写试模报告表。将模具及保鲜盒上盖制件交车间主管按验收单进行模具验收，合格后交付使用。 　　制作过程中，模具工应严格遵守企业制定的操作规程、安全生产制度。	60
2	单分型面推杆模制作	某企业接到塑料保鲜盒盒体模具生产订单。该企业设计部门根据产品外观要求及结构特征设计了单分型面推杆模，同时完成了模具零件加工工艺、模具装配工艺、注射成型工艺的编制。现车间主管要求模具制造组（2～3人）按图样和工艺要求制作这套单分型面推	60

		杆模。	
2	单分型面推杆模制作	模具工从车间主管处接受单分型面推杆模的制作任务，阅读任务单，分析模具结构，明确任务要求。识读模具零件图及装配图、工艺卡，明确模具零件材料、机床、工量刃具、场地规章制度等情况。根据零件图、装配图、工艺卡要求，领用材料，准备工量刃具，使用机床加工模具零件后，进行模具装配与调试，在过程中检测零件加工精度和装配精度。定期检查工作进度并填写工作进度表，试模后对制件进行检测，并填写试模报告表。将模具及保鲜盒盒体制件交车间主管按验收单进行模具验收，合格后交付使用。 　　制作过程中，模具工应严格遵守企业制定的操作规程、安全生产制度。	

教学实施建议

1. 教学组织方式方法建议

采用行动导向的教学方法。为确保教学安全，增强教学效果，建议采用分组教学的形式（2~3 人 / 组）；在完成工作任务的过程中，教师需加强示范与指导，合理融入思政课程，注重学生规范操作和职业素养的培养。

2. 教学资源配备建议

（1）教学场地

单分型面塑料模具制作一体化学习工作站须具备良好的安全、照明和通风条件，可分为集中教学区、分组教学区、信息检索区、工具存放区和成果展示区，并配备相应的多媒体教学设备、压缩空气供给系统等设施，面积以至少同时容纳 35 人开展教学活动为宜。

（2）工具、材料、设备（按组配置）

通用工具（套筒扳手、梅花扳手、呆扳手、活动扳手、扭矩扳手、内六角扳手、十字旋具、一字旋具、铜棒、锤子、钢丝钳等）、量具（游标卡尺、千分尺、百分表等）、刀具（锉刀、刮刀等）；塑料原料、单分型面塑料模具坯料、模具标准件、清洗液、润滑油、润滑脂、周转箱、钢丝、棉布、研磨膏、砂布、显示剂、脱模剂等；车床、铣床、钻床、磨床、热处理设备、注塑机等。

（3）教学资料

以工作页为主，配备教材、注塑机使用说明书、模具制造手册等教学资料。

教学考核要求

采用过程性考核和终结性考核相结合的方式。

1. 过程性考核

采用自我评价、小组评价和教师评价相结合的方式进行考核；让学生学会自我评价，教师要善于观察学生的学习过程，结合学生的自我评价、小组评价进行总评并提出改进建议。

（1）课堂考核：考核出勤、学习态度、课堂纪律、小组合作与展示等情况。

（2）作业考核：考核工作页的完成、课后练习等情况。

（3）阶段考核：书面测试、实操测试、口述测试。

2. 终结性考核

学生根据情境描述中的要求，识读模具零件图及装配图、工艺卡，领用材料，准备工量刃具，加工模具零件后，进行模具装配与调试，制作完成的模具应符合交付使用要求。

考核任务案例：盘类产品单分型面推板模制作。

【情境描述】

某企业接到一份加工30万件塑料吐司盘的生产订单。该企业设计部门根据产品外观要求及结构特征设计了单分型面推板模，同时完成了模具零件加工工艺、模具装配工艺、注射成型工艺的编制。现车间主管安排模具工按图样和工艺要求制作这套单分型面推板模，要求使用该模具能生产出符合技术要求的产品。

【任务要求】

根据任务情境描述，在规定的时间内，完成塑料吐司盘模具零件的加工和模具装配、调试。

（1）根据零件图、装配图、工艺卡，编制出合理的材料清单、工量具清单、机床使用计划清单。

（2）使用钳加工方法及普通机床加工方法加工出合格模具零件。

（3）按照模具装配工艺卡进行模具装配，并在注塑机上调试模具，填写试模报告表。

（4）总结此次的模具制作工作在哪些方面还可以改进，并说明理由。

【参考资料】

完成上述任务时，可以使用常见参考资料，如专业教材、注塑机使用说明书、模具制造手册、个人笔记等。

（六）复合冷冲压模具制作课程标准

工学一体化课程名称	复合冷冲压模具制作	基准学时	120

典型工作任务描述

复合冷冲压模具是指压力机在一次行程内的同一位置上完成两道或两道以上的冲压工序，使板料产生分离或塑性变形，从而获得具有一定形状、尺寸和精度制件的模具。复合冷冲压模根据工序特点分冲孔落料复合模和冲孔拉深复合模等。

企业生产批量大、内外形位置精度较高的金属制件时，为了能高效地生产，需要安排模具工制作复合冷冲压模具。

模具工从车间主管处接受复合冷冲压模具制作任务，阅读任务单，明确任务要求，查阅模具制造手册及相关资料，制订工作计划，并交车间主管审批，根据工艺卡领用材料，准备工量辅具，按照工艺卡进行模具零件加工、模具装配与调试，试模后对制件进行自检，并交车间主管进行验收，验收合格后交付模具。

复合冷冲压模具制作过程中，模具工应严格遵守工艺卡和操作规程、常用量具的保养规范、企业质量体系管理制度、安全生产制度、环保管理制度、8S管理规定等。对加工产生的废件依据《中华人民共和国固体废物污染环境防治法》要求，进行集中收集管理，再按废弃物管理规定进行处理，维护车间整洁和生产安全。

工作内容分析

工作对象：	工具、材料、设备与资料：	工作要求：
1. 复合冷冲压模具制作任务单的分析； 2. 复合冷冲压模具图样的分析； 3. 模具制造手册、冷冲压设备使用说明书等资料的查阅； 4. 模具加工工作计划的制订； 5. 所需标准件、工具、量具、刀具和材料等的领用； 6. 模具零件的加工及检测； 7. 模具的装配； 8. 场地的清理、物品的归置； 9. 设备、工量具的维护保养。	1. 工具：通用工具（锯弓、铰杠等）、量具（游标卡尺、千分尺、游标万能角度尺、百分表等）、刀具（车刀、铣刀、麻花钻、铰刀、丝锥等）、辅具（压板、垫铁、气枪等）； 2. 材料：金属原料、模具坯料、模具标准件、清洗液、润滑油等； 3. 设备：车床、铣床、磨床、钻床、数控电火花线切割机床、压力机等； 4. 资料：任务单、零件图、装配图、模具制造手册、模具标准手册、冷冲压设备使用说明书、工作计划模板等。 **工作方法：** 任务单的阅读，模具零件图和装配图的识读，相关资料的查阅，模具加工工作计划的制订，工量具的使用，复合冷冲压模具零件的钳加工，车床、铣床、磨床、钻床等普通机床的操作，复合冷冲压模具零件的数控机床加工，复合冷冲压模具的装配、安装、调试。 **劳动组织方式：** 从车间主管处领取工作任务；与其他部门有效沟通、协调；从仓库领取刀具、工具、量具和材料；一般以小组合作形式完成复合冷冲压模具的制作；自检合格后交付车间主管进行验收。	1. 能依据复合冷冲压模具制作任务单，与车间主管、小组成员等相关人员进行充分的沟通，完成任务单分析，明确工作内容和要求； 2. 能依据复合冷冲压模具图样，通过查询冷冲压工艺、冷冲压模具结构等相关资料获取模具各部件的功用、材料性能等有效信息； 3. 能识读模具零件图及装配图、工艺卡，明确模具零件材料、机床、工量刃具、场地规章制度等情况，制订复合冷冲压模具制作工作计划，并将工作计划报车间主管审批； 4. 能根据复合冷冲压模具零件图、装配图、工艺卡要求，填写工量具准备清单，领用所需的标准件、量具、刀具和材料； 5. 能依据复合冷冲压模具零件加工工艺卡，采用钳加工、普通机床加工和数控机床加工等方式加工出合格零件，并能在加工中使用游标卡尺、塞尺、刀口形直角尺、百分表等常用量具对零件进行检验； 6. 能依据模具装配工艺卡的要求完成模具装配； 7. 能依据安全操作规程，使用吊装设备吊装模具，将其安装到压力机上，并按模具工艺卡冲压成型制件，根据制件质量调整模具，制件合格后将模具交付车间主管进行验收； 8. 在工作过程中严格执行安全操作规程、企业质量体系管理制度、8S管理规定等； 9. 对已完成的工作进行记录、评价、反馈和存档。

课程目标

学习完本课程后，学生应能胜任复合冷冲压模具制作工作，包括：

1. 能依据复合冷冲压模具制作任务单，与小组成员和教师等进行充分沟通，完成任务单分析，明确工作内容和要求。

2. 能依据复合冷冲压模具图样，通过查询冷冲压模具结构等相关资料获取模具各部件的功用、材料性能等有效信息。

3. 能识读模具零件图及装配图、工艺卡，明确模具零件材料、机床、工量刃具、场地规章制度等情况，制订复合冷冲压模具制作工作计划，并将工作计划报车间主管审批。

4. 能根据复合冷冲压模具零件图、装配图、工艺卡要求，填写工量具准备清单，领用所需的标准件、量具、刀具和材料。

5. 能依据复合冷冲压模具零件加工工艺卡，采用钳加工、普通机床加工和数控机床加工等方式加工出合格零件，并能在加工中使用游标卡尺、塞尺、刀口形直角尺、百分表等常用量具对零件进行检验，对机床、工量具进行规范维护保养。

6. 能依据模具装配工艺卡的要求完成模具装配。

7. 能依据安全操作规程，使用吊装设备吊装模具，将其安装到压力机上，并按模具工艺卡冲压成型制件，根据制件质量调整模具，制件合格后将模具交付车间主管进行验收。

8. 能按照现场管理规范清理场地、归置物品，按照环保管理制度处理废油液等废弃物并填写工作记录单。

9. 能在工作过程中，进行资料收集、整合，团结协作，利用多媒体设备和专业术语展示工作成果。

学习内容

本课程的主要学习内容包括：

一、任务单、模具图样的分析及资料查阅

实践知识：复合冷冲压模具制作任务单的识读，复合冷冲压模具图样分析；加工工艺卡、加工工序卡的识读；模具制造手册、冷冲压设备使用说明书、冷冲压工艺、冷冲压模具结构、复合冷冲压模具制作案例等资料收集、查阅。

理论知识：复合冷冲压模具制作任务单的识读方法；模具零件加工流转单的填写方法；复合冷冲压模具零件图、装配图技术标准；加工工艺卡、加工工序卡内容；复合冷冲压模具制作案例。

二、复合冷冲压模具制作方案的制定

实践知识：制订复合冷冲压模具制作工作计划；模具零件与装配技术要求分析；工具、材料、设备的选择；常用设施选择；复合冷冲压模具制作方案撰写。

理论知识：复合冷冲压模具制作工作计划制订方法；复合冷冲压模具制作前期准备工作内容；复合冷冲压模具制作基础知识；钳加工、普通机床加工、数控机床加工基础知识。

三、复合冷冲压模具制作方案的审核确认

实践知识：复合冷冲压模具制作方案汇报；课件制作与演示；复合冷冲压模具制作方案合理性判断；方案优化。

理论知识：模具材料特性；复合冷冲压模具制作方案选择依据；汇报型课件的内容、结构与排版相关知识；方案优化方法。

四、复合冷冲压模具制作

实践知识：领料单的填写；工量辅具、刀具、夹具、坯料领取及使用；模具零件钳加工、普通机床加工、数控机床加工；模具零件的检测；零件检测数据填写；模具装配工艺卡的识读；模具零件的装配；模具制作工作记录单的填写。

理论知识：复合冷冲压模具制作方法；加工类型的选择方法；复合冷冲压模具零件加工方式确定方法；常用量具的检测方法；复合冷冲压模具装配工艺卡的识读方法；零件检测数据填写方法；零件加工误差分析与计算方法；工作记录单的填写方法。

五、复合冷冲压模具试模与调整

实践知识：按规范吊装模具；压力机的使用；压力机参数选择；制件材料选用；制件精度检测及加工质量分析；模具调整。

理论知识：压力机安全操作规程；模具吊装注意事项；压力机的使用方法；压力机参数选择原则；制件材料分类及特点；制件质量控制方法；模具调整方法。

六、复合冷冲压模具质量评估、验收及技术资料归档

实践知识：规范填写复合冷冲压模具制作质量评审表；模具的规范放置；与车间主管沟通完成模具的交接；与车间主管沟通完成模具制作资料的提交与存档；填写复合冷冲压模具制作验收单；刀具、量具、工具、辅具的清理、保养和归还；按照环保管理制度处理废油液等废弃物并填写工作记录单；根据8S管理规定，整理整顿工作现场。

理论知识：复合冷冲压模具制作验收标准及验收方法；刀具、量具、工具和辅具的清理、保养方法；资料存档方法；产品交接流程；处理废油液等废弃物的相关环保要求。

七、通用能力、职业素养、思政素养

自主学习、自我管理、信息检索、理解与表达、交往与合作、创新思维、解决问题等通用能力，安全意识、质量意识、规范意识、效率意识、成本意识、环保意识、市场意识、服务意识等职业素养，以及劳模精神、劳动精神、工匠精神等思政素养。

参考性学习任务

序号	名称	学习任务描述	参考学时
1	冲孔落料复合模制作	某企业接到一份链板生产订单，需加工 100 000 件链板。根据该产品的特点，企业决定采用冲孔落料复合模生产。 模具工从车间主管处接受冲孔落料复合模制作任务，阅读任务单，明确任务要求，查阅模具制造手册及相关资料，制订工作计划，编制工艺卡，并交车间主管审批，根据工艺卡领用材料，准备工量辅具，按照工艺卡进行模具零件加工、模具装配与调试，试模后对制件进行自检，并交车间主管进行验收，验收合格后交付模具。 工作中必须严格遵守安全操作规程、企业质量体系管理制度、8S管理规定等。加工完成后，依据《中华人民共和国固体废物污染环境防治法》要求，对加工产生的废件进行集中收集管理，维护车间整洁、生产安全。	60
2	冲孔拉深复合模制作	某企业接到一份圆形饮水杯生产订单，需加工 100 000 件圆形饮水杯。根据该产品的特点，企业决定采用冲孔拉深复合模生产。 模具工从车间主管处接受冲孔拉深复合模制作任务，阅读任务单，	60

2	冲孔拉深复合模制作	明确任务要求，查阅模具制造手册及相关资料，制订工作计划，编制工艺卡，并交车间主管审批，根据工艺卡领用材料，准备工量辅具，按照工艺卡进行模具零件加工、模具装配与调试，试模后对制件进行自检，并交车间主管进行验收，验收合格后交付模具。 　　工作中必须严格遵守安全操作规程、企业质量体系管理制度、8S管理规定等。加工完成后，依据《中华人民共和国固体废物污染环境防治法》要求，对加工产生的废件进行集中收集管理，维护车间整洁、生产安全。

教学实施建议

1. 教学组织方式方法建议

采用行动导向的教学方法。为确保教学安全，增强教学效果，建议采用分组教学的形式（4 ~ 5 人/组）；在完成工作任务的过程中，教师需加强示范与指导，合理融入思政课程，注重学生规范操作和职业素养的培养。

2. 教学资源配备建议

（1）教学场地

复合冷冲压模具制作一体化学习工作站须具备良好的安全、照明和通风条件，可分为集中教学区、分组教学区、信息检索区、工具存放区和成果展示区，并配备相应的多媒体教学设备、压缩空气供给系统等设施，面积以至少同时容纳35人开展教学活动为宜。

（2）工具、材料、设备（按组配置）

通用工具（锯弓、铰杠等）、量具（游标卡尺、千分尺、游标万能角度尺、百分表等）、刀具（车刀、铣刀、麻花钻、铰刀、丝锥等）、辅具（压板、垫铁、气枪等）；金属原料、模具坯料、模具标准件、清洗液、润滑油等；车床、铣床、磨床、钻床、数控电火花线切割机床、压力机等。

（3）教学资料

以工作页为主，配备教材、冷冲压设备使用说明书、模具制造手册等教学资料。

教学考核要求

采用过程性考核和终结性考核相结合的方式。

1. 过程性考核

采用自我评价、小组评价和教师评价相结合的方式进行考核，让学生学会自我评价，教师要善于观察学生的学习过程，结合学生的自我评价、小组评价进行总评并提出改进建议。

（1）课堂考核：考核出勤、学习态度、课堂纪律、小组合作与展示等情况。

（2）作业考核：考核工作页的完成、课后练习等情况。

（3）阶段考核：书面测试、实操测试、口述测试。

2. 终结性考核

学生根据情境描述中的要求，制订模具制作工作计划，并按照工艺卡要求，遵守企业安全生产制度，在规定时间内完成复合冷冲压模具制作，试模后的制件按要求达到相应的加工精度，模具验收合格。

考核任务案例：电线连接片冲孔拉深复合模制作。

【情境描述】

某企业接到一客户的电线连接片生产订单，加工数量 100 000 件。由于加工数量大，加工周期短，故要求有较高的加工效率，因此，模具采用冲孔拉深复合模结构。模具工根据设计部门提供的模具零件图和装配图制定了模具零件加工工艺卡，车间主管安排模具工负责该冲孔拉深复合模的制作。使用制作完成的模具应能冲压成型符合技术要求的产品。

【任务要求】

根据任务情境描述，在规定时间内，完成模具制作工作计划的编制和模具制作。

（1）列出冲孔拉深复合模的主要制作零件，并制订该模具制作的工作计划。

（2）按照情境描述的情况，进行冲孔拉深复合模零件加工、装配、调试并试模，同时填写工作进度表和试模报告表。

（3）如果还有其他问题需要询问客户或者模具交付时要向客户提出生产建议，把这些问题或建议整理成一份提纲，以备面谈时更好地进行沟通。

【参考资料】

完成上述任务时，可以使用常见参考资料，如专业教材、冷冲压设备使用说明书、模具制造手册、个人笔记等。

（七）双分型面塑料模具制作课程标准

工学一体化课程名称	双分型面塑料模具制作	基准学时	120

典型工作任务描述

双分型面塑料模具是指以两个不同的分型面分别取出流道凝料和制件的塑料模具，又称三板式塑料模具。双分型面塑料模具按型腔数目不同可分为单型腔双分型面塑料模具、多型腔双分型面塑料模具。

企业生产批量大、表面质量要求较高的塑料制件时，为了高效生产，需要模具工制作双分型面塑料模具以生产塑料制件。

某企业接到一份塑料产品制造订单，该塑料产品生产批量大、表面质量要求较高，外观不留浇口痕迹。车间主管接到任务后，经过综合分析，判断需要模具设计部门和制造部门设计、制作一套双分型面塑料模具以生产该塑料产品。模具设计完成后，模具工从车间主管处接受双分型面塑料模具制作任务，阅读任务单，分析模具结构，明确任务要求，查阅模具制造手册、模具制作案例，制订工作计划并交车间主管审批。模具工根据模具零件加工工艺卡和模具装配工艺卡准备工量具，加工出合格模具零件，完成模具装配与调试，分析制件质量，采取相应措施，制件合格后交付车间主管验收。

双分型面塑料模具制作过程中，模具工应严格按工艺卡与操作规程工作，遵守安全生产制度，生产过程中产生的废料、废水与废油等按环保管理制度处理，执行 8S 管理规定。

工作内容分析

工作对象：	工具、材料、设备与资料：	工作要求：
1. 任务单的分析； 2. 正确识读双分型面塑料模具装配图、零件图，清楚图样中标注的各种符号的特征和含义； 3. 模具制造手册、注塑机使用说明书等资料的查阅； 4. 模具制作工作计划的制订； 5. 所需标准件、工具、量具、刀具和材料等的领用； 6. 模具零件的加工及检测； 7. 双分型面塑料模具的装配； 8. 双分型面塑料模具的调试； 9. 机床、工量刃具等的维护保养； 10. 场地的清理、物品的归置。	1. 工具：通用工具（套筒扳手、梅花扳手、呆扳手、活动扳手、扭矩扳手、内六角扳手、十字旋具、一字旋具、铜棒、锤子、钢丝钳等）、量具（游标卡尺、千分尺、百分表等）、刀具（锉刀、刮刀等）； 2. 材料：塑料原料、双分型面塑料模具坯料、模具标准件、清洗液、润滑油、润滑脂、周转箱、钢丝、棉布、研磨膏、砂布、显示剂、脱模剂等； 3. 设备：车床、铣床、钻床、磨床、数控车床、数控铣床、数控电火花线切割机床、数控电火花成形机床、热处理设备、注塑机等； 4. 资料：双分型面塑料模具制作任务单、模具制造手册、模具标准手册、注塑机使用说明书、企业规章制度等。 **工作方法：** 相关资料的查阅，工量具的使用，使用普通机床、数控机床加工双分型面塑料模具零件，双分型面塑料模具的装配与调试。 **劳动组织方式：** 从车间主管处领取工作任务；与其他部门有效沟通、协调；从仓库领取刀具、工具、量具和材料；一般以小组合作形式完成双分型面塑料模具制作；自检合格后交付车间主管进行验收。	1. 能依据双分型面塑料模具制作任务单，与车间主管、小组成员等相关人员进行充分的沟通，解决疑难问题，完成任务单分析，明确工作内容和要求； 2. 能自主查询塑料成型工艺及塑料模具结构、塑料模具制作等相关资料，获取塑料成型性能，双分型面塑料模具结构、各零部件名称和作用、模具材料性能、常用塑料种类及其特性等信息； 3. 能依据模具零件图的技术要求，完成零件加工工艺分析，确定零件的加工方法和步骤，并制订模具制作的工作计划，将计划报车间主管审批； 4. 能依据模具零件加工工艺卡和模具装配工艺卡，填写工量具准备清单，领用所需的标准件、工具、量具、刀具和材料； 5. 能依据模具零件加工要求，操作普通机床和数控机床加工出合格零件，加工中能运用各类量具检测零件； 6. 能依据模具装配工艺卡，完成双分型面塑料模具的装配； 7. 能依据安全操作规程，使用吊装设备吊装模具，将其安装到注塑机上，并按注射成型工艺卡完成注射成型操作，分析制件质量，采取相应措施，制件合格后将模具交付车间主管进行验收； 8. 能依据保养规范，对机床设备、吊装设备、工量刃具等进行保养； 9. 能按照现场管理规范清理场地、归置物品，按照环保管理制度处理废油液等废弃物并填写工作记录单。

课程目标

学习完本课程后，学生应能胜任双分型面塑料模具制作工作，包括：

1. 能依据双分型面塑料模具制作任务单，与车间主管、小组成员以及其他相关专业人士进行专业的、有效的沟通与合作，完成任务单分析，明确工作内容和要求。

2. 能自主查询塑料成型工艺及塑料模具结构、塑料模具制作等相关资料，获取塑料成型性能、双分型面塑料模具结构、各零部件名称和作用、模具材料性能、常用塑料种类及其特性等信息。

3. 能依据模具零件图的技术要求，完成零件加工工艺分析，确定零件的加工方法和步骤，并制订模具制作的工作计划，将计划报车间主管审批。

4. 能依据模具零件加工工艺卡和模具装配工艺卡，填写工量具准备清单，领用所需的标准件、工具、量具、刀具和材料。

5. 能依据模具零件的加工要求，使用加工中心、数控车床、顶针切割机、钻床、打磨机、磨床等设备并辅以必要的钳工操作加工出合格零件，加工中能熟练运用各类量具检测零件。

6. 能依据模具装配工艺流程，正确使用模具装配与抛光工具，完成双分型面塑料模具的装配。

7. 能依据安全操作规程，使用吊装设备吊装模具，将模具安装到注塑机上，设置合理的注射参数进行注射成型操作，对制件质量进行分析，对制件中出现的质量问题采取相应措施，制件合格后将模具交付车间主管进行验收。

8. 能依据保养规范，对机床设备、吊装设备、工量刃具等进行保养。

9. 能按照现场管理规范清理场地、归置物品，按照环保管理制度处理废油液等废弃物并填写工作记录单。

10. 能在工作过程中，进行资料收集、整合，团结协作，利用多媒体设备和专业术语展示工作成果。

学习内容

本课程的主要学习内容包括：

一、任务单的分析及资料查阅

实践知识：任务单的阅读分析；双分型面塑料模具零件图、装配图的识读；机床设备使用制度、安全生产制度、8S管理规定等资料的查阅；塑料模具制作工作场地的整理布置和设备点检。

理论知识：双分型面塑料模具的组成、整体结构特征、工作原理，各组成零件的作用、结构、加工工艺要点等；塑料制件结构和成型工艺特性；注射模的注射成型工艺及其参数设置方法；安全生产制度和8S管理规定的内容。

二、双分型面塑料模具制作方案的制定

实践知识：模塑工艺及模具结构教材、注塑机使用说明书、模具制造手册等资料的查询与运用；模具装配工艺卡、零件加工工艺卡阅读；填写工量具准备清单，领用所需的标准件、量具、刀具和材料；编写模具制作方案。

理论知识：模具零件加工工艺知识；模具装配工艺知识；塑料成型工艺知识；模具零件材料选用原则；工量刃具选用依据、加工设备选择方法；双分型面塑料模具制作方案的格式、内容和撰写要求。

三、双分型面塑料模具制作方案的审核确认

实践知识：模具制作方案汇报与展示；模具制作方案合理性的判断与优化；确定模具制作方案。

理论知识：模具零件加工精度要求与工艺方法；模具装配精度要求与工艺方法；塑料制件注射成型精度要求与工艺方法；模具制作方案汇报要点。

四、双分型面塑料模具制作

实践知识：模具标准件的领用；模具零件钳加工；模具零件普通机床加工；模具零件数控机床加工；模具零件热处理；点浇口加工；成型零件抛光加工；模具零件检测；模具装配；试模；注塑机操作；注射成型制件常见缺陷的处理；塑料制件质量检测与分析；数控机床及其附件一级维护保养；工作进度表的填写。

理论知识：钳加工方法、普通机床加工方法、数控机床加工方法、抛光方法和热处理方法；点浇口加工方法；模具零件检测方法；模具装配、调试方法；塑料制件注射成型工艺；注塑机操作方法；塑料制件质量检测与分析方法；数控机床及其附件一级维护保养方法。

五、双分型面塑料模具质量检测与评估

实践知识：试模报告表的填写；双分型面塑料模具技术状态检测与评估。

理论知识：双分型面塑料模具技术状态检测与评估的内容和方法。

六、工作总结、成果展示与经验交流

实践知识：撰写工作总结；模具展示、塑料制件展示；模具验收；工作总结汇报；小组成员经验交流；双分型面塑料模具和制件质量互相点评。

理论知识：工作总结文档内容、结构与排版相关知识；塑料模具和塑料制件的验收与交付标准。

七、通用能力、职业素养、思政素养

自主学习、自我管理、信息检索、理解与表达、交往与合作、创新思维、解决问题等通用能力，安全意识、质量意识、规范意识、效率意识、成本意识、环保意识、市场意识、服务意识等职业素养，以及劳模精神、劳动精神、工匠精神等思政素养。

参考性学习任务

序号	名称	学习任务描述	参考学时
1	单型腔双分型面塑料模具制作	某企业接到一份加工30万件收银机显示器外壳的生产订单。企业设计部门针对该产品外观质量要求较高及产量较大的特征，设计了一套单型腔双分型面塑料模具，并编制了产品注射成型工艺卡、模具零件加工工艺卡、模具装配工艺卡。现车间主管要求模具制造组（2~3人）按图样和工艺要求制作这套单型腔双分型面塑料模具。 　　模具工从车间主管处接受单型腔双分型面塑料模具的制作任务，阅读任务单，分析模具结构，明确任务要求。识读模具零件图及装配图、工艺卡，明确模具零件材料、机床、工量刃具、场地规章制度等情况。制订好生产计划并报车间主管审批。根据零件图、装配图、工艺卡要求，领用材料，准备工量刃具，使用各类机床加工模	60

1	单型腔双分型面塑料模具制作	具零件后，进行模具装配与调试，在工作过程中检测零件加工精度和装配精度。定期检查工作进度并填写工作进度表，试模后对制件进行检测，并填写试模报告表。将模具及收银机显示器外壳制件交车间主管按验收单进行验收，合格后交付模具。 制作过程中，模具工应严格遵守企业制定的操作规程、安全生产制度。	
2	多型腔双分型面塑料模具制作	某企业接到一份加工 100 万件电瓶车充电器底座的生产订单。企业设计部门针对该产品外观质量要求较高及产量较大的特征，设计了一套多型腔双分型面塑料模具，并编制了产品注射成型工艺卡、模具零件加工工艺卡、模具装配工艺卡。现车间主管要求模具制造组（2~3 人）按图样和工艺要求制作这套多型腔双分型面塑料模具。 模具工从车间主管处接受多型腔双分型面塑料模具的制作任务，阅读任务单，分析模具结构，明确任务要求。识读模具零件图及装配图、工艺卡，明确模具零件材料、机床、工量刃具、场地规章制度等情况。制订好生产计划并报车间主管审批。根据零件图、装配图、工艺卡要求，领用材料，准备工量刃具，使用各类机床加工模具零件后，进行模具装配与调试，在工作过程中检测零件加工精度和装配精度。定期检查工作进度并填写工作进度表，试模后对制件进行检测，并填写试模报告表。将模具及电瓶车充电器底座制件交车间主管按验收单进行验收，合格后交付模具。 制作过程中，模具工应严格遵守企业制定的操作规程、安全生产制度。	60

教学实施建议

1. 教学组织方式方法建议

采用行动导向的教学方法。为确保教学安全，增强教学效果，建议采用分组教学的形式（2~3 人/组）；在完成工作任务的过程中，教师需加强示范与指导，合理融入思政课程，注重学生规范操作和职业素养的培养。

2. 教学资源配备建议

（1）教学场地

双分型面塑料模具制作一体化学习工作站须具备良好的安全、照明和通风条件，可分为集中教学区、分组教学区、信息检索区、工具存放区和成果展示区，并配备相应的多媒体教学设备、压缩空气供给系统等设施，面积以至少同时容纳 35 人开展教学活动为宜。

（2）工具、材料、设备（按组配置）

通用工具（套筒扳手、梅花扳手、呆扳手、活动扳手、扭矩扳手、内六角扳手、十字旋具、一字旋具、铜棒、锤子、钢丝钳等）、量具（游标卡尺、千分尺、百分表等）、刀具（锉刀、刮刀等）；塑料原料、双分型面塑料模具坯料、模具标准件、清洗液、润滑油、润滑脂、周转箱、钢丝、棉布、研磨膏、砂布、显示剂、脱模剂等；车床、铣床、钻床、磨床、数控车床、数控铣床、数控电火花线切割机床、数控电火花成形机床、热处理设备、注塑机等。

（3）教学资料

以工作页为主，配备教材、注塑机使用说明书、模具制造手册等教学资料。

教学考核要求

采用过程性考核和终结性考核相结合的方式。

1. 过程性考核

采用自我评价、小组互评和教师评价相结合的方法进行考核；让学生学会自我评价，教师要善于观察学生的学习过程，结合学生的自我评价、小组评价进行总评并提出改进建议。

（1）课堂考核：考核出勤、学习态度、课堂纪律、小组合作与展示等情况。

（2）作业考核：考核工作页的完成、课后练习等情况。

（3）阶段考核：书面测试、实操测试、口述测试。

2. 终结性考核

学生根据情境描述中的要求，完成模具的制作、装配与调试、产品注射成型等工作，模具和制件的尺寸交由第三方人员进行检测，合格后交付模具。

考核任务案例：玩具车车轮双分型面塑料模具制作。

【情境描述】

某企业接到一份生产30万件玩具车车轮的订单。该企业设计部门已经完成玩具车车轮双分型面塑料模具的设计及各类工艺卡（产品注射成型工艺卡、模具零件加工工艺卡、模具装配工艺卡）的编制，现车间主管要求模具工按图样和工艺要求制作这套双分型面塑料模具，使用制作完成的模具能注射成型符合客户要求的玩具车车轮。

【任务要求】

根据任务情境描述，在规定的时间内，完成玩具车车轮双分型面塑料模具零件的加工和模具装配、调试。

（1）根据零件图、装配图，编制出合理的材料清单、工量具清单、机床使用计划清单。

（2）使用钳加工方法、普通机床加工方法、数控机床加工方法等加工出合格的模具零件。

（3）按照模具装配工艺卡进行模具装配，并在注塑机上调试模具，填写试模报告表。

（4）总结此次的模具制作工作在哪些方面还可以改进，并说明理由。

【参考资料】

完成上述任务时，可以使用常见参考资料，如专业教材、注塑机使用说明书、模具制造手册、个人笔记等。

（八）模具装调与维修保养课程标准

工学一体化课程名称	模具装调与维修保养	基准学时	120

典型工作任务描述

模具装调是指接到模具装调任务后领取产品图、模具装配图、模具零件图、明细表，认真认识模具构造并按明细表领取标准件及模具零件，将领取的零件和标准件按图表进行查对，把加工好且合格的模具零件依据模具装配图按要求进行组装，并经过试模机调试，检查整套模具工作过程中各零件的运动是否顺畅、空隙是否合理，是否对生产出的产品产生质量影响，最后确保模具生产出的产品能达到要求的过程。

模具的维修是指解决模具由于工作次数的增加或使用不当等原因，可能出现的模具零件磨损、精度下降等问题。通过模具的维修保养，可提高模具的使用寿命及精度等级，使其较长时间保持良好的技术状态及使用性能。

模具的保养是指根据模具保养规范，采用专用工具对模具进行紧固、润滑或对模具零部件进行拆卸、分解、清理、防锈、装配等操作，工作完成后恢复模具精度、性能、生产效率，达到延长模具使用寿命、降低生产成本、提高制件质量、改善模具技术状态的目的，这是保证制件正常生产的一项重要工作。模具的维修与保养工作，应贯穿在模具的使用、修理和保管工作各个环节中。

在模具装调、维修、保养过程中，模具工应严格遵守模具装调与维修保养规程，企业内部检验规范，安全生产制度，环保管理制度及8S管理规定。

工作内容分析

工作对象：	工具、材料、设备与资料：	工作要求：
1. 模具装调与维修保养任务单的阅读； 2. 模具零件图、装配图的识读； 3. 模具装调与维修保养规范的阅读； 4. 模具装调与维修保养方案的制定； 5. 模具装调与维修保养的实施； 6. 模具的验收。	1. 工具：通用工具（锯弓、铰杠等）、量具（游标卡尺、千分尺、游标万能角度尺、百分表等）、辅具（压板、垫铁、气枪等）； 2. 材料：冷冲压模具、塑料模具、易损零件备件（螺钉、芯棒、冲头、顶针、弹簧、胶塞等）； 3. 设备：注塑机、压力机、手动压力机等； 4. 资料：模具装调与维修保养任务单，模具图样，模具装调与维修保养规范，模具验收单。 **工作方法：** 相关资料的查阅，任务单的阅读，模具零件图、装配图的识读，工作计划的制订，设备及工量具的规范操作，常见模具故障发现、排除。 **劳动组织方式：** 以独立或小组合作的方式进行。从车间主管处领取模具装调与维修保养任务；任务完成后，将模具交付车间主管验收。	1. 能正确阅读和分析模具装调与维修保养任务单，明确工作内容和要求； 2. 能识读模具图样，说出模具类型及结构特征； 3. 能按照模具装调与维修保养规范，制定装调与维修保养方案； 4. 能准备合适的工具、量具以及保养耗材，规范实施装调、维修、保养工作； 5. 能按照模具的技术要求验收模具； 6. 能填写模具装调与维修保养任务单，对已完成的工作进行记录、评价、反馈，并将相关资料存档。

课程目标

学习完本课程后，学生应能胜任模具装调与维修保养工作，包括：

1. 能正确阅读和分析模具装调与维修保养任务单，明确工作内容和要求。

2. 能识读模具图样，说出模具类型及结构特征。

3. 能按照模具装调与维修保养规范，制定装调与维修保养方案。

4. 能准备合适的拆装工具、量具以及保养耗材，规范实施维修保养工作，使模具保持良好的技术状态及使用性能。

5. 能按照模具的技术要求验收模具。

6. 能填写模具装调与维修保养任务单，对已完成的工作进行记录、评价、反馈，并将相关资料存档。

7. 能在工作过程中，进行资料收集、整合，团结协作，利用多媒体设备和专业术语展示工作成果。

学习内容

本课程的主要学习内容包括：

一、任务单的分析及资料的查阅

实践知识：模具装调与维修保养任务单的识读；明确加工内容和要求；模具零件装配与维修保养信息查询及资料收集。

理论知识：模具装调与维修保养任务单的识读方法；模具装调与维修保养流转单的填写方法；模具装配图的技术标准；模具类型及结构特征。

二、模具装调与维修保养方案的制定

实践知识：模具装调与维修保养工作计划制订；模具装调技术要求分析；模具维修保养内容确定；工具、材料、设备的选择；模具装调与维修保养方案撰写。

理论知识：模具装调与维修保养工作计划制订方法；模具装调与维修保养前期准备工作内容；模具装调基础知识；模具维修保养基础知识。

三、模具装调与维修保养方案的审核确认

实践知识：模具装调与维修保养方案汇报；课件制作与演示；模具装调与维修保养方案合理性判断；方案优化。

理论知识：模具材料特性；模具装调与维修保养方案选择依据；汇报型课件的内容、结构与排版相关知识；方案优化方法。

四、模具装调与维修保养

实践知识：工量辅具领取；保养耗材准备；模具装调；注塑机、压力机、手动压力机等设备的使用；模具的维修保养；工作记录单的填写。

理论知识：模具装调与维修保养设备、工量辅具的使用方法；模具装配工艺分析；模具维修保养工作要领；工作记录单的填写方法。

五、模具装调与维修保养检测

实践知识：模具装调检测数据填写；模具装调检测数据分析；模具装调误差分析；模具维修精度控制。

理论知识：模具装调检测方法；模具装调检测数据填写方法；模具装调误差分析与计算方法。

六、模具质量评估、验收及技术资料归档

实践知识：规范填写模具质量评审表；模具的规范放置；与车间主管沟通完成模具的交接；与车间主管沟通完成模具装调与维修保养资料的提交与存档；填写模具验收单；刀具、量具、工具、辅具的清理、保养和归还；根据 8S 管理规定，整理整顿工作现场。

理论知识：模具验收标准及验收方法；刀具、量具、工具和辅具的清理、保养方法；资料存档方法；产品交接流程。

七、通用能力、职业素养、思政素养

自主学习、自我管理、信息检索、理解与表达、交往与合作、创新思维、解决问题等通用能力，安全意识、质量意识、规范意识、效率意识、成本意识、环保意识、市场意识、服务意识等职业素养，以及劳模精神、劳动精神、工匠精神等思政素养。

参考性学习任务

序号	名称	学习任务描述	参考学时
1	冲裁模的装调	某企业加工车间已经将一套冲裁模各零件加工完成，各零件尺寸精度已经验收合格，现在需要组装部门来完成该冲裁模的组装与调试。 车间主管接到任务单，安排组装人员根据模具装配图制定模具装配工艺，按照技术要求完成冲裁模的整体装配。完成装配后，将模具安装在压力机上，进行调整和试冲，确保模具与冲压设备配合好，同时检验制件质量，确保符合质量要求。 工作过程中，严格遵守安全生产制度、8S 管理规定。	30
2	制件缺陷塑料模具修复	某企业注射成型车间在注射成型塑料盆试模时，出现制件未打满、局部分型边飞边严重现象，要求模具维修部门进行修复。 车间主管接到任务单，安排模具维修工进行修复；维修工与试模人员进行沟通，现场分析、判断出现制件未打满、局部分型边飞边严重的原因是型腔排气不畅，经查阅模具图样和模具维修档案卡，收集模具相关资料，制定了在模具型芯飞边部位的非成型面加工出一条排气槽的修复方案；准备工量具，拆卸模具，操作气动打磨设备，完成模具修复；模具经修复、调试后，由模具主管部门、制件生产车间确认是否合格，对工作进行记录，并将相关资料存档，交付模具。 工作过程中，严格遵守安全生产制度、8S 管理规定。	40
3	冷冲压模具维修保养	某企业生产链条时发现在装配链条时链板的质量出现了一些问题，模具在生产中也出现了一些额外噪声，影响了链条质量，于是申请模具车间派人来解决问题，要求完成链板模具的维修，并制订模具保养计划。	25

3	冷冲压模具维修保养	车间主管接到任务单，安排维修保养人员针对链板模具出现噪声进行检查，找出模具产生噪声的原因；制定维修方案，维修链板模具，排除噪声，通过试模保证生产的链板质量合格；制订模具保养计划，定期对该模具进行保养。 工作过程中，严格遵守安全生产制度、8S 管理规定。	
4	注射模维修保养	某企业利用塑料碗注射模生产制件时，制件出现一些质量问题，如表面粗糙、碗口飞边大、壁厚不均匀等，制件残次品率高，严重影响了正常生产。于是注射成型车间向模具车间提出模具维修保养申请，保证下一批次的生产。 车间主管接到任务单，安排维修保养人员针对塑料碗注射模制件出现的表面粗糙、碗口飞边大等问题进行检查，找出制件缺陷的产生原因；制定维修方案，维修注射模，排除生产制件缺陷，通过试模保证生产的塑料碗质量合格；制订模具保养计划，定期对该模具进行保养。 工作过程中，严格遵守安全生产制度、8S 管理规定。	25

教学实施建议

1. 教学组织方式方法建议

采用行动导向的教学方法。为确保教学安全，增强教学效果，建议采用分组教学的形式（4～5 人 / 组）；在完成工作任务的过程中，教师需加强示范与指导，合理融入思政课程，注重学生规范操作和职业素养的培养。

2. 教学资源配备建议

（1）教学场地

模具装调与维修保养一体化学习工作站须具备良好的安全、照明和通风条件，可分为集中教学区、分组教学区、信息检索区、工具存放区和成果展示区，并配备相应的多媒体教学设备、压缩空气供给系统等设施，面积以至少同时容纳 35 人开展教学活动为宜。

（2）工具、材料、设备

通用工具（锯弓、铰杠等）、量具（游标卡尺、千分尺、游标万能角度尺、百分表等）、辅具（压板、垫铁、气枪等）；冷冲压模具、塑料模具、易损零件备件（螺钉、芯棒、冲头、顶针、弹簧、胶塞等）；注塑机、压力机、手动压力机等。

（3）教学资料

以工作页为主，配备教材、注塑机使用说明书、模具制造手册等教学资料。

教学考核要求

采用过程性考核和终结性考核相结合的方式。

1. 过程性考核

采用自我评价、小组评价和教师评价相结合的方式进行考核，让学生学会自我评价，教师要善于观察学生的学习过程，结合学生的自我评价、小组评价进行总评并提出改进建议。

（1）课堂考核：考核出勤、学习态度、课堂纪律、小组合作与展示等情况。

（2）作业考核：考核工作页的完成、课后练习等情况。

（3）阶段考核：书面测试、实操测试、口述测试。

2. 终结性考核

学生根据情境描述中的要求，制订模具装调与维修保养工作计划，并按照模具装调与维修保养规范，遵守企业安全生产制度，在规定时间内完成模具装调与维修保养工作，自检合格后交付验收。

考核任务案例：垫片模具装调与维修保养。

【情境描述】

垫片模具由于工作次数的增加出现精度下降的现象，需通过装调与维修保养提高使用寿命及精度等级，以较长时间保持良好的技术状态及使用性能。模具工从车间主管处接受垫片模具装调与维修保养任务，阅读模具装调与维修保养任务单，明确工作内容和要求，查阅相关技术文件，识读与测绘图样，按照模具结构和装调与维修保养规范，对模具进行拆卸、分解、清理、防锈处理、检查与分析，根据检查结果，确定合理的装调与维修保养方案，对相应的模具零部件实施装调与维修保养，保证模具的精度、性能和生产效率。装配并自检合格后交付车间主管验收。

【任务要求】

根据任务情境描述，在规定时间内，完成模具装调与维修保养工作计划的编制和工作的实施。

（1）制订该模具装调与维修保养的工作计划。

（2）按照情境描述的情况，对该垫片模具进行拆卸，去除各个零件表面划痕，尤其是凸模和凹模，同时填写工作进度表和试模报告表。

（3）如果还有其他问题需要询问客户或者模具交付时要向客户提出生产建议，把这些问题或建议整理成一份提纲，以备面谈时更好地进行沟通。

【参考资料】

完成上述任务时，可以使用常见参考资料，如专业教材、注塑机使用说明书、模具制造手册、个人笔记等。

（九）模具制作成本估算课程标准

工学一体化课程名称	模具制作成本估算	基准学时	80
典型工作任务描述			

模具制作成本是指模具制作过程中非标零件的制作费用和标准件的采购费用之和，非标零件的制作费用包括非标零件材料费与加工费。

在进行商务谈判之前模具制造企业需要完成模具报价，技术部门依据产品特征和客户要求，在明确模具的结构及生产工艺后，委派模具工对模具制作成本进行估算。

模具工接受估价任务，与车间主管沟通，明确任务要求，制订估价计划与方法，与技术部门沟通，分析模具图样，拟定模具零件的加工工艺，与企业相关人员沟通，评估本企业现有加工能力，对各工序加工成本进行估算，对非标零件的材料和标准件进行市场询价，明确材料与标准件的价格水平，依据模具制作成本的构成完成整套模具估价，编写模具估价报告并对报告的编写情况进行自我评价，最后交由车间主管审阅。

在估算过程中，模具工应遵守模具行业成本构成规范、成本估算方法、企业询价规范、企业技术文件、审批流程。

工作内容分析

工作对象：	资料：	工作要求：
1. 任务单的阅读； 2. 估价计划与方法的制订； 3. 模具图样的分析； 4. 加工工艺的确定； 5. 企业加工能力的评估； 6. 各工序加工成本的估算； 7. 材料和标准件的询价； 8. 整套模具的估价； 9. 模具估价报告的编写。	任务单、模具图样、加工工艺卡、加工设备清单、价格估算表、询价单、模具估价报告、模具设计手册。 **工作方法：** 查阅资料，工艺分析，市场询价，生产数据计算，类似案例比对。 **劳动组织方式：** 以独立方式或者小组合作形式进行。从车间主管处领取任务；与客户沟通，明确估价进度与要求；向材料供应商询价；与车间相关人员沟通，明确企业加工能力；向车间主管反馈模具估价报告。	1. 能阅读任务单，明确工作任务要求及交报告期限； 2. 能与技术部门同事进行良好沟通，分析模具图样，制定模具零件加工工艺； 3. 能根据模具零件加工工艺，选择合适的加工设备，并估算加工成本； 4. 能按照企业报价流程，向材料供应商询价，明确材料价格水平与供货周期； 5. 能依据模具制作成本的构成，估算整套模具的制作成本； 6. 能根据模具估价报告编写要求，完成模具估价报告的编写； 7. 能对工作进行总结，并对模具估价报告提出调整与修改建议。

课程目标

学习完本课程后，学生应能胜任模具制作成本估算工作，包括：

1. 能阅读任务单，明确工作任务要求及交报告期限。

2. 能与技术部门同事进行良好沟通，分析模具图样，制定模具零件加工工艺。

3. 能根据模具零件加工工艺，选择合适的加工设备，并估算加工成本。

4. 能按照企业报价流程，向材料供应商询价，明确材料价格水平与供货周期。

5. 能依据模具制作成本的构成，估算整套模具的制作成本。

6. 能根据模具估价报告编写要求，完成模具估价报告的编写。

7. 能对工作进行总结，并对模具估价报告提出调整与修改建议。

8. 能在工作过程中，进行资料收集、整合，团结协作，利用多媒体设备和专业术语展示工作成果。

学习内容

本课程的主要学习内容包括：

一、任务单的分析及资料查阅

实践知识：任务单的阅读分析；模具制作订单的需求分析；模具装配图、零件图和模具零件加工工艺卡等技术文件的识读；模具标准件手册的查询与信息的收集及整理。

理论知识：模具结构特点；模具材料的规格、型号及性能；模具生产的一般过程和特点。

二、模具成本估算方案的制定

实践知识：模具制作成本的构成要素分析；确定模具成本估算的方法。

理论知识：模具制作成本的影响因素（模具复杂程度、模具精度、模具寿命、模具制造周期等）；模具成本估算的方法（经验法、逐项计算法）；模具价格的构成要素及计算方法；模具成本估算方案的格式、内容和撰写要求。

三、模具成本估算方案的审核确认

实践知识：展示模具成本估算方案；工序（车、铣、钳等）费用标准的计算；模具制作工时定额的计算；模具成本估算的合理性分析；模具成本估算方案的优化。

理论知识：模具零件的加工方法；工序费用标准的计算方法；工时定额的计算方法。

四、模具制作成本估算

实践知识：模具设计费用的估算；标准件的询价、采购；模具材料的询价、采购；非标零件制作成本的估算；模具的装配、调试费用估算；管理成本的估算；税费的估算；利润的估算。

理论知识：模具设计费用的估算方法；询价的方法；材料成本的估算方法；非标零件制作成本的估算方法；模具的装配、调试费用估算方法；管理成本的估算方法；税费的估算方法；利润的估算方法。

五、整套模具制作成本的估算与检查

实践知识：编制整套模具制作成本测算表。

理论知识：整套模具制作成本测算表的填写要求；模具制作成本估算项目费用的校核方法。

六、模具制作成本与利润的评估、表单存档

实践知识：展示整套模具制作成本测算表；评估任务完成的质量；优化整套模具制作成本测算表，提交报价。

理论知识：模具总成本与利润之间的内在联系。

七、通用能力、职业素养、思政素养

自主学习、自我管理、信息检索、理解与表达、交往与合作、创新思维、解决问题等通用能力，安全意识、质量意识、规范意识、效率意识、成本意识、环保意识、市场意识、服务意识等职业素养，以及劳模精神、劳动精神、工匠精神等思政素养。

		参考性学习任务	
序号	名称	学习任务描述	参考学时
1	模具加工成本估算	某模具制造企业接到某饮料制造企业的一份订单，需要开发一套年产 1 000 万个易拉罐拉环的模具，在进行商务谈判之前营销部门要明确模具制作成本，模具制造部门委派模具工提供模具加工成本报价。 模具工从车间主管处接受模具加工成本估算任务，与车间主管沟通，明确加工成本估算进度和要求。与技术部门沟通，分析模具图	40

1	模具加工成本估算	样，拟定模具零件的加工工艺；与企业员工沟通，评估本企业现有加工能力，对各工序加工成本进行估算；依据模具制作工艺流程计算模具加工成本，编写模具加工成本估算报告并进行自我审核，最后交由车间主管审阅。	
2	模具材料成本估算	某模具制造企业接到某企业的一份订单，需要开发一套年产500万个手机支架的模具，在进行商务谈判之前营销部门要了解模具材料成本，模具制造部门委派模具工完成模具材料成本与标准件报价。 模具工从车间主管处接受模具材料成本估算任务，与车间主管沟通，明确询价要求与进度。与技术部门沟通，分析模具图样，确定模具零件的材料和标准件的构成；按照企业询价流程对非标零件的材料和标准件进行市场询价，明确材料与标准件的价格水平和供货周期，依据模具材料、标准件的种类与数量，编写模具材料成本估算报告并进行自我审核，最后交由车间主管审阅。	40

教学实施建议

1. 教学组织方式方法建议

采用行动导向的教学方法。为确保教学安全，增强教学效果，建议采用分组教学的形式（4~5人/组）；在完成工作任务的过程中，教师需加强示范与指导，合理融入思政课程，注重学生规范操作和职业素养的培养。

2. 教学资源配备建议

（1）教学场地

模具制作成本估算一体化学习工作站须具备良好的安全、照明和通风条件，可分为集中教学区、分组教学区、信息检索区、工具存放区和成果展示区，并配备相应的多媒体教学设备等，面积以至少同时容纳35人开展教学活动为宜。

（2）模具制作成本估算资料（按组配置）

任务单、模具图样、加工工艺卡、加工设备清单、价格估算表、询价单、模具设计手册等。

（3）教学资料

以工作页为主，配备教材、模具制造手册等教学资料。

教学考核要求

采用过程性考核和终结性考核相结合的方式。

1. 过程性考核

采用自我评价、小组评价和教师评价相结合的方式进行考核；让学生学会自我评价，教师要善于观察学生的学习过程，结合学生的自我评价、小组评价进行总评并提出改进建议。

（1）课堂考核：考核出勤、学习态度、课堂纪律、小组合作与展示等情况。

（2）作业考核：考核工作页的完成、课后练习等情况。

（3）阶段考核：书面测试、实操测试、口述测试。

2. 终结性考核

学生根据情境描述中的要求，运用多种方式收集资料与素材，并按相关标准规范，完成模具加工成本估算和模具材料成本估算，编写模具估价报告，报告的报价要点突出。

考核任务案例：杯托塑料模具的制作成本估算。

【情境描述】

某模具制造企业接到某企业的一份订单，需要开发一套年产 500 万个塑料杯托的模具，在进行商务谈判之前营销部门要明确模具制作成本，模具制造部门委派模具工完成模具制作成本估算。

【任务要求】

根据任务情境描述，按照企业报价流程和模具制作成本的构成，在 4 天内完成：

（1）制订估价计划与方法。

（2）分析模具图样，拟定模具零件的加工工艺，估算模具的加工成本。

（3）完成非标零件材料和标准件的市场询价，明确材料与标准件的价格水平与交货周期。

（4）按照模具制作成本的构成，完成整套模具的报价，撰写模具估价报告。

【参考资料】

完成上述任务时，可以使用常见参考资料，如模具图样和网络资源等。

（十）多工位冷冲压模具制作课程标准

工学一体化课程名称	多工位冷冲压模具制作	基准学时	120

典型工作任务描述

多工位冷冲压模具是指压力机在一次行程内的不同工位上连续完成数道冲压工序，使板料产生分离或塑性变形，从而获得具有一定形状、尺寸和精度制件的模具。多工位冷冲压模根据工序特点通常分多工位拉深模和多工位级进模等。

企业生产批量大、形状复杂、内外形位置精度较高的金属制件时，为了能高效、自动化生产，需要安排模具工制作多工位冷冲压模具。

模具工从车间主管处接受多工位冷冲压模具制作任务，阅读任务单，明确任务要求，制订工作计划，对模具结构或加工工艺提出改进建议，形成优化方案，确定工艺流程，填写工艺卡交由车间主管审批。根据批准后的工艺卡领用材料，准备工量辅具，按照工艺卡进行模具零件加工、模具装配与调试，试模后对制件进行自检，并交车间主管进行验收，验收合格后交付模具，撰写质量分析报告。

多工位冷冲压模具制作过程中，模具工应严格按工艺卡与操作规程工作，遵守安全生产制度，生产过程中产生的废料、废水与废油等按环保管理制度处理，执行 8S 管理规定。

工作内容分析

工作对象：	工具、材料、设备与资料：	工作要求：
1. 多工位冷冲压模具制作任务单、	1. 工具：通用工具（锯弓、铰杠等）、模具零件加工专用工具、量具	1. 能依据多工位冷冲压模具制作任务单，与车间主管、小组成员等相关人员进

图样的分析； 　2. 模具制造手册、冷冲压设备使用说明书、多工位冷冲压模具制作案例等资料的查阅； 　3. 多工位冷冲压模具制作工作计划的制订及优化； 　4. 所需标准件、工具、量具、刀具和材料等的领用； 　5. 模具零件的加工及检测； 　6. 模具的装配、调试； 　7. 场地的清理、物品的归置； 　8. 设备、工量具的维护保养。	（游标卡尺、千分尺、游标万能角度尺、百分表等）、刀具（车刀、铣刀、麻花钻、铰刀、丝锥等）、辅具（压板、垫铁、气枪等）； 　2. 材料：金属原料、模具坯料、模具标准件、清洗液、润滑油等； 　3. 设备：车床、铣床、磨床、钻床、数控铣床、数控电火花线切割机床、加工中心、三坐标测量机、压力机等； 　4. 资料：任务单、零件图、装配图、模具制造手册、模具标准手册、冷冲压设备使用说明书、工作计划模板等。 **工作方法：** 　任务单的阅读，模具零件图和装配图的识读，资料的查阅，模具制作工作计划的制订、优化，工量具的使用，多工位冷冲压模具零件的钳加工，车床、铣床、磨床、钻床等普通机床的操作，多工位冷冲压模具零件的数控机床加工，多工位冷冲压模具零件三坐标检测，多工位冷冲压模具的装配、安装、调试。 **劳动组织方式：** 从车间主管处领取工作任务；与其他部门有效沟通、协调；从仓库领取刀具、工具、量具和材料；一般以小组合作形式完成多工位冷冲压模具的制作；自检合格后交付车间主管进行验收。	行充分的沟通，完成任务单分析，明确工作内容和要求； 　2. 能依据多工位冷冲压模具图样，通过查询冷冲压模具结构等相关资料获取模具各零部件的功用、材料性能等有效信息； 　3. 能识读模具零件图及装配图、工艺卡，明确模具零件材料、机床、工量刀具、场地规章制度等情况； 　4. 能根据多工位冷冲压模具制作工艺要求，结合现有设备、设施，对多工位冷冲压模具制作工作计划进行优化，并将工作计划报车间主管审批； 　5. 能根据零件图、装配图、工艺卡要求，填写工量具准备清单，领用所需的标准件、量具、刀具和材料； 　6. 能依据模具零件加工要求，采用钳加工方式和操作普通机床、数控机床等加工出合格零件，并能在加工中使用游标卡尺、塞尺、刀口形直角尺、百分表等常用量具及三坐标测量机对零件进行检验，对机床、工量具进行规范维护保养； 　7. 能依据模具装配工艺卡的要求完成模具装配； 　8. 能依据安全操作规程，使用吊装设备吊装模具，将其安装到压力机上，并按制件加工工艺试制制件，根据制件质量调整模具，制件合格后将模具交付车间主管进行验收； 　9. 能按照现场管理规范清理场地、归置物品，按照环保管理制度处理废油液等废弃物并填写工作记录单。

课程目标

　学习完本课程后，学生应能胜任多工位冷冲压模具制作工作，包括：

　1. 能依据多工位冷冲压模具制作任务单，与车间主管、小组成员等相关人员进行充分的沟通，完成任务单分析，明确工作内容和要求。

2. 能依据多工位冷冲压模具图样，通过查询冷冲压模具结构等相关资料获取模具各零部件的功用、材料性能等有效信息。

3. 能识读模具零件图及装配图、工艺卡，明确模具零件材料、机床、工量刀具、场地规章制度等情况。

4. 能根据多工位冷冲压模具制作工艺要求，结合现有设备、设施，对多工位冷冲压模具制作工作计划进行优化，并将工作计划报车间主管审批。

5. 能根据零件图、装配图、工艺卡要求，填写工量具准备清单，领用所需的标准件、量具、刀具和材料。

6. 能依据模具零件加工要求，采用钳加工方式和操作普通机床、数控机床等加工出合格零件，并能在加工中使用游标卡尺、塞尺、刀口形直角尺、百分表等常用量具及三坐标测量机对零件进行检验，对机床、工量具进行规范维护保养。

7. 能依据模具装配工艺卡的要求完成模具装配。

8. 能依据安全操作规程，使用吊装设备吊装模具，将其安装到压力机上，并按制件加工工艺试制制件，根据制件质量调整模具，制件合格后将模具交付车间主管进行验收。

9. 能按照现场管理规范清理场地、归置物品，按照环保管理制度处理废油液等废弃物并填写工作记录单。

10. 能在工作过程中，进行资料收集、整合，团结协作，利用多媒体设备和专业术语展示工作成果。

学习内容

本课程的主要学习内容包括：

一、任务单、模具图样的分析及资料查阅

实践知识：多工位冷冲压模具制作任务单的识读，多工位冷冲压模具图样分析；模具零件图和装配图识读；模具制造手册、冷冲压设备使用说明书、冷冲压工艺、冷冲压模具结构、多工位冷冲压模具制作案例等资料收集与查阅。

理论知识：多工位冷冲压模具制作任务单的识读方法；多工位冷冲压模具零件图、装配图技术标准；多工位冷冲压模具制作案例。

二、多工位冷冲压模具制作方案的制定

实践知识：多工位冷冲压模具制作工作计划制订；模具零件与装配技术要求分析；工具、材料、设备的选择；常用设施选择；多工位冷冲压模具制作方案撰写。

理论知识：多工位冷冲压模具制作工作计划制订方法；多工位冷冲压模具制作前期准备工作内容；多工位冷冲压模具制作基础知识；钳加工、普通机床加工、数控机床加工基础知识。

三、多工位冷冲压模具制作方案的审核确认

实践知识：多工位冷冲压模具制作方案汇报；课件制作与演示；多工位冷冲压模具制作方案合理性判断；方案优化。

理论知识：模具材料特性；多工位冷冲压模具制作方案选择依据；汇报型课件的内容、结构与排版相关知识；方案优化方法。

四、多工位冷冲压模具制作

实践知识：领料单的填写；工量辅具、刀具、夹具、坯料领取和使用；多工位冷冲压模具制作加工工艺制定；模具零件钳加工、普通机床加工、数控机床加工；模具零件的检测；零件检测数据填写；模具装配工艺卡的识读；模具零件的装配；模具制作工作记录单的填写。

理论知识：多工位冷冲压模具制作方法；加工类型的选择方法；多工位冷冲压模具零件加工方式确定方法；常用量具的检测方法；多工位冷冲压模具装配工艺卡的识读方法；零件检测数据填写方法；零件加工误差分析与计算方法；工作记录单的填写方法。

五、多工位冷冲压模具试模与调整

实践知识：按规范吊装模具；压力机的使用；压力机参数选择；制件材料选用；制件精度检测及加工质量分析；模具调整。

理论知识：压力机安全操作规程；模具吊装注意事项；压力机的使用方法；压力机参数选择原则；制件材料分类及特点；制件质量控制方法；模具调整方法。

六、多工位冷冲压模具质量评估、验收及技术资料归档

实践知识：规范填写多工位冷冲压模具制作质量评审表；模具的规范放置；与车间主管沟通完成产品的交接；与车间主管沟通完成模具制作资料的提交与存档；填写多工位冷冲压模具制作验收单；刀具、量具、工具、辅具的清理、保养和归还；按照环保管理制度处理废油液等废弃物并填写工作记录单；根据 8S 管理规定，整理整顿工作现场。

理论知识：多工位冷冲压模具制作验收标准及验收方法；刀具、量具、工具和辅具的清理、保养方法；资料存档方法；产品交接流程；处理废油液等废弃物的相关环保要求。

七、通用能力、职业素养、思政素养

自主学习、自我管理、信息检索、理解与表达、交往与合作、创新思维、解决问题等通用能力，安全意识、质量意识、规范意识、效率意识、成本意识、环保意识、市场意识、服务意识等职业素养，以及劳模精神、劳动精神、工匠精神等思政素养。

参考性学习任务

序号	名称	学习任务描述	参考学时
1	多工位拉深模制作	某企业接到一份消声器生产订单，需加工消声器 10 000 件，加工费 5 元 / 件，工期 10 天。根据该产品的特点，企业决定采用多工位拉深模生产。 模具工从车间主管处接受多工位拉深模制作任务，阅读任务单，明确任务要求，制订工作计划，并对模具结构和加工工艺提出改进建议，形成优化方案，确定工艺流程，制定工艺卡交车间主管审批。根据批准后的工艺卡领用材料，准备工量辅具，按照工艺卡进行模具零件加工、模具装配与调试，试模后对制件进行自检，并交车间主管进行验收，验收合格后交付模具，撰写质量分析报告。 工作过程中，严格遵守安全生产制度、8S 管理规定。	60
2	多工位级进模制作	某企业接到一份易拉罐拉环生产订单，需加工易拉罐拉环 10 000 件，加工费 0.1 元 / 件，工期 10 天。根据该产品特点，企业决定采	60

2	多工位级进模制作	用多工位级进模生产。 模具工从车间主管处接受多工位级进模制作任务，阅读任务单，明确任务要求，制订工作计划，并对模具结构和加工工艺提出改进建议，形成优化方案，确定工艺流程，制定工艺卡交车间主管审批。根据批准后的工艺卡领用材料，准备工量辅具，按照工艺卡进行模具零件加工、模具装配与调试，试模后对制件进行自检，并交车间主管进行验收，验收合格后交付模具，撰写质量分析报告。 工作过程中，严格遵守安全生产制度、8S 管理规定。	

教学实施建议

1. 教学组织方式方法建议

采用行动导向的教学方法。为确保教学安全，增强教学效果，建议采用分组教学的形式（4～5 人/组）；在完成工作任务的过程中，教师需加强示范与指导，合理融入思政课程，注重学生规范操作和职业素养的培养。

2. 教学资源配备建议

（1）教学场地

多工位冷冲压模具制作一体化学习工作站须具备良好的安全、照明和通风条件，可分为集中教学区、分组教学区、信息检索区、工具存放区和成果展示区，并配备相应的多媒体教学设备、压缩空气供给系统等设施，面积以至少同时容纳 35 人开展教学活动为宜。

（2）工具、材料、设备（按组配置）

通用工具（锯弓、铰杠等）、专用工具、量具（游标卡尺、千分尺、游标万能角度尺、百分表等）、刀具（车刀、铣刀、麻花钻、铰刀、丝锥等）、辅具（压板、垫铁、气枪等）；金属原料、模具坯料、模具标准件、清洗液、润滑油等；车床、铣床、磨床、钻床、数控电火花线切割机床、数控电火花小孔机床、加工中心、三坐标测量机、压力机等。

（3）教学资料

以工作页为主，配备教材、冷冲压设备使用说明书、模具标准手册等教学资料。

教学考核要求

采用过程性考核和终结性考核相结合的方式。

1. 过程性考核

采用自我评价、小组评价和教师评价相结合的方式进行考核；让学生学会自我评价，教师要善于观察学生的学习过程，结合学生的自我评价、小组评价进行总评并提出改进建议。

（1）课堂考核：考核出勤、学习态度、课堂纪律、小组合作与展示等情况。

（2）作业考核：考核工作页的完成、课后练习等情况。

（3）阶段考核：书面测试、实操测试、口述测试。

2. 终结性考核

学生根据情境描述中的要求，制订模具制作工作计划，并按照工艺卡要求，遵守企业安全生产制度，在规定时间内完成多工位冷冲压模具制作，试模后的制件按要求达到相应的加工精度，模具验收合格。

考核任务案例：空心铆钉多工位级进模制作。

【情境描述】

某企业接到一客户的空心铆钉生产订单，加工数量 100 000 件。由于加工数量大，加工周期短，故要求有较高的加工效率，需采用多工位级进模进行空心铆钉的加工。根据设计部门提供的模具零件图、装配图及工艺卡，车间主管决定安排模具工负责该多工位级进模的加工，使用制作完成的模具能冲压成型符合要求的产品。

【任务要求】

根据任务情境描述，在规定时间内，完成模具制作工作计划的编制和模具制作。

（1）列出多工位级进模的主要制作零件，并制订该模具制作的工作计划，对编制好的工艺卡进行优化。

（2）按照情境描述的情况，对该多工位级进模进行零件加工、装配、调试并试模，同时填写工作进度表和试模报告表。

（3）如果还有其他问题需要询问客户或者模具交付时要向客户提出生产建议，把这些问题或建议整理成一份提纲，以备面谈时更好地进行沟通。

【参考资料】

完成上述任务时，可以使用常见参考资料，如专业教材、冷冲压设备使用说明书、模具制造手册、个人笔记等。

（十一）侧向分型塑料模具制作课程标准

工学一体化课程名称	侧向分型塑料模具制作	基准学时	120

典型工作任务描述

侧向分型塑料模具是指制件上有侧孔或侧凹时采用的带有侧向分型机构的模具。侧向分型机构可分为带斜导柱侧抽芯机构、带斜滑块侧抽芯机构、齿轮齿条侧抽芯机构等。

企业生产批量大、表面带有侧孔或侧凹的塑料制件时，为了自动脱模，需要模具工制作侧向分型塑料模具生产塑料制件。

模具工从车间主管处接受侧向分型塑料模具制作任务，阅读任务单，明确任务要求，分析模具结构，并提出改进建议，形成优化方案，制订工作计划，根据现有加工条件，制定模具零件加工工艺卡、模具装配工艺卡交车间主管审批。根据批准后的工艺卡准备工量刃具，加工出合格模具零件，独立完成模具装配与调试，分析制件质量，采取相应措施，制件合格后，将制件和模具交付车间主管进行验收。

侧向分型塑料模具制作过程中，模具工应严格按工艺卡与操作规程进行加工，遵守安全生产制度，生产过程中产生的废料、废水与废油等按环保管理制度处理，执行 8S 管理规定。

工作内容分析

工作对象：	工具、材料、设备与资料：	工作要求：
1. 模具制作任务单的分析；	1. 工具：通用工具（套筒扳手、梅花扳手、呆扳手、活动扳	1. 能依据侧向分型塑料模具制作任务单，与车间主管、小组成员等相关人员进行充分的沟通，

2. 资料的查询与工作计划的制订； 3. 零件加工工艺的编制； 4. 模具装配工艺的编制； 5. 注射成型工艺的编制； 6. 所需工具、量具、刀具和材料等的领用； 7. 模具零件加工； 8. 检测模具零件； 9. 模具的装配、试模； 10. 设备、设施、工量刃具的维护保养； 11. 场地的清理、物品的归置； 12. 工作进度的检查。	手、扭矩扳手、内六角扳手、十字旋具、一字旋具、铜棒、锤子、钢丝钳等）、量具（游标卡尺、千分尺、百分表等）、刀具（车刀、铣刀、麻花钻、铰刀、锉刀、刮刀等）； 2. 材料：塑料原料、模具坯料、模具标准件、清洗液、润滑油、润滑脂、周转箱、钢丝、棉布、研磨膏、砂布、显示剂、脱模剂等； 3. 设备：车床、铣床、磨床、钻床、数控车床、数控铣床、计算机、数控电火花线切割机床、数控电火花成形机床、注塑机、三坐标测量机、热处理设备等； 4. 资料：任务单、模具制造手册、模具标准手册、注塑机使用说明书、企业规章制度。 **工作方法：** 相关资料的查阅，工量具的使用，普通机床、数控机床的操作，成型零件的抛光，侧向分型塑料模具的装配与调试，三坐标测量机的操作。 **劳动组织方式：** 从车间主管处领取工作任务；与其他部门有效沟通、协调；从仓库领取刀具、工具、量具和材料；一般以小组合作形式完成模具制作；自检合格后交付车间主管进行验收。	解决疑难问题，完成任务单分析，明确工作内容和要求； 2. 能依据塑料产品零件图、模具零件图、模具装配图及其三维数字模型，操作 CAM 软件，查询模塑工艺、塑料模具结构等相关资料，获取侧向分型塑料模具各零部件的功用、材料性能等有效信息并制订模具制作工作计划； 3. 能依据模具零件图技术要求、车间加工设备条件等，完成模具零件加工工艺分析，制定零件加工工艺； 4. 能依据模具装配图、车间加工设备条件等，完成装配工艺的分析，制定模具装配工艺； 5. 能依据产品技术要求、注塑机参数等，制定合理的注射成型工艺，填写注射成型工艺卡； 6. 能按照相关审核制度将模具零件加工工艺卡、模具装配工艺卡、注射成型工艺卡报车间主管审批； 7. 能依据批准后的工艺卡，填写工量具准备清单，领用所需的标准件、工具、量具、刀具和材料； 8. 能依据模具零件加工工艺卡，操作普通机床、数控机床等加工设备以及采用必要的钳加工方式进行零件加工和热处理，使用三坐标测量机结合其他常用量具检测模具零件； 9. 能依据模具装配工艺卡完成模具装配； 10. 能按注射成型工艺试模，分析制件质量，采取相应模具调整措施，将模具及制件交车间主管按验收单进行验收，合格后交付模具； 11. 能依据设备、设施、工量刃具的维护保养规范，及时完成维护保养工作，按照现场管理规范清理场地、归置物品，按照环保管理制度处理废油液等废弃物并填写工作记录单； 12. 能严格执行企业操作规范、安全生产制度、环保管理制度以及 8S 管理规定。

课程目标

学习完本课程后，学生应能胜任侧向分型塑料模具制作工作，包括：

1. 能依据侧向分型塑料模具制作任务单，与车间主管、小组成员等相关人员进行充分的沟通，解决疑难问题，完成任务单分析，明确工作内容和要求。

2. 能依据塑料产品零件图、模具零件图和模具装配图等图样，查询模塑工艺、塑料模具结构等相关资料，获取侧向分型塑料模具各零部件的功用、材料性能等有效信息并制订模具制作工作计划。

3. 能依据模具零件图技术要求、车间加工设备条件等，完成模具零件加工工艺分析，制定零件加工工艺。

4. 能依据模具装配图、车间加工设备条件等，完成装配工艺的分析，制定模具装配工艺卡。

5. 能依据产品技术要求、注塑机参数等，制定合理的注射成型工艺，填写注射成型工艺卡。

6. 能按照相关审核制度将模具零件加工工艺卡、模具装配工艺卡、注射成型工艺卡报车间主管审批。

7. 能依据批准后的工艺卡，填写工量具准备清单，领用所需的标准件、工具、量具、刀具和材料。

8. 能依据模具零件加工工艺卡，操作普通机床、数控机床等加工设备以及采用必要的钳加工方式进行零件加工和热处理，使用三坐标测量机结合其他常用量具检测模具零件。

9. 能依据模具装配工艺卡完成模具装配。

10. 能按注射成型工艺试模，分析制件质量，采取相应模具调整措施，将模具及制件交车间主管按验收单进行验收，合格后交付模具。

11. 能依据设备、设施、工量刃具的维护保养规范，及时完成维护保养工作，按照现场管理规范清理场地、归置物品，按照环保管理制度处理废油液等废弃物并填写工作记录单。

12. 能定期检查工作进度并填写工作进度表。

13. 能在工作过程中，进行资料收集、整合，团结协作，利用多媒体设备和专业术语展示工作成果。

学习内容

本课程的主要学习内容包括：

一、任务单的分析及资料的查阅

实践知识：任务单的阅读分析；侧向分型塑料模具零件图、装配图的识读；机床设备使用制度、安全生产制度、8S管理规定等资料的查阅；塑料模具制作工作环境和设备检查。

理论知识：侧向分型塑料模具的组成、整体结构特征、工作原理，各组成零件的功能、结构、加工工艺要点等；塑料制件结构、成型工艺特性；侧向分型塑料模具的注射成型工艺；安全生产制度和8S管理规定的内容。

二、侧向分型塑料模具制作方案的制定

实践知识：模塑工艺及模具结构教材、注塑机使用说明书、模具制造手册等的查询与运用；填写工量具准备清单；编写模具制作方案。

理论知识：模具零件加工工艺知识；模具装配工艺知识；塑料成型工艺知识；模具零件材料选用原则；工量刃具选用、加工设备选择方法；侧向分型塑料模具制作方案的格式、内容和编写要求。

三、侧向分型塑料模具制作方案的审核确认

实践知识：模具制作方案汇报与展示；模具制作方案合理性的判断与方案优化；编写模具零件加工工艺卡；编写模具装配工艺卡；编写注射成型工艺卡。

理论知识：模具零件加工精度标准；模具装配精度标准；塑料制件注射成型精度标准；模具制作方案

汇报要点；汇报方案文档内容、结构与排版相关知识。

四、侧向分型塑料模具制作

实践知识：领用所需的标准件、量具、刀具和材料；模具零件钳加工；模具零件普通机床加工；模具零件数控机床加工；模具零件的电切削加工；模具零件热处理；斜导柱孔加工；成型零件抛光；模具零件检测；斜导柱安装；滑块组件安装、调整；模具装配；试模；塑料制件注射成型；塑料制件质量检测；模具零件的修整；注塑机液压系统的调整；机床及其附件、工量具等的维护保养；工作进度表的填写。

理论知识：钳加工方法、普通机床加工方法、数控机床加工方法、抛光方法和热处理方法；斜导柱孔加工方法；模具零件检测方法；斜导柱安装方法；滑块组件安装、调整方法；模具装配、调试方法；塑料制件注射成型方法；塑料制件质量分析；注塑机液压系统工作原理；机床及其附件、工量具等的维护保养方法；三坐标测量机保养方法。

五、侧向分型塑料模具质量检测与评估

实践知识：试模报告表的填写；侧向分型塑料模具技术状态的检测与评估；模具质量控制；提出模具优化建议及制定实施方案。

理论知识：侧向分型塑料模具技术状态检测与评估的内容和方法；模具质量控制要点与方法。

六、工作总结、成果展示与经验交流

实践知识：撰写工作总结；模具、塑料制件展示；模具验收；工作总结汇报；小组成员经验交流；侧向分型塑料模具和制件质量互相点评。

理论知识：工作总结文档内容、结构与排版相关知识；塑料模具和塑料制件的验收与交付标准。

七、通用能力、职业素养、思政素养

自主学习、自我管理、信息检索、理解与表达、交往与合作、创新思维、解决问题等通用能力，安全意识、质量意识、规范意识、效率意识、成本意识、环保意识、市场意识、服务意识等职业素养，以及劳模精神、劳动精神、工匠精神等思政素养。

参考性学习任务			
序号	名称	学习任务描述	参考学时
1	带斜导柱侧抽芯机构注射模制作	某企业接到塑料接线盒生产订单，数量为50万件。企业设计部门针对该产品外观工艺特征，设计了一套带斜导柱侧抽芯机构注射模。现车间主管要求模具制造组（2~3人）按图样要求制作这套带斜导柱侧抽芯机构注射模。 模具工从车间主管处接受带斜导柱侧抽芯机构注射模制作的工作任务，阅读任务单、模具零件图及装配图，分析模具结构，分析任务要求，明确模具零件材料、机床、工量刃具、场地规章制度等情况，编制生产计划、模具零件加工工艺、模具装配工艺、注射成型工艺，并将其报车间主管审批。根据零件图、装配图、工艺卡要求，领用材料，准备工量刃具，使用各类机床加工模具零件后，进行模具装配与调试，在过程中检测零件加工精度和装配精度。定期检查	60

1	带斜导柱侧抽芯机构注射模制作	工作进度并填写工作进度表，试模后对制件进行检测，并填写试模报告表。将模具及塑料接线盒制件交车间主管按验收单进行验收，合格后交付模具。 制作过程中，模具工应严格遵守安全生产制度、8S 管理规定。	
2	带斜滑块侧抽芯机构注射模制作	某企业接到塑料线圈骨架生产订单，数量为 60 万件。企业设计部门针对该产品外观工艺特征，设计了一套带斜滑块侧抽芯机构注射模。现车间主管要求模具制造组（2~3 人）按图样要求制作这套带斜滑块侧抽芯机构注射模。 模具工从车间主管处接受带斜滑块侧抽芯机构注射模制作的工作任务，阅读任务单、模具零件图及装配图，分析模具结构，分析任务要求，明确模具零件材料、机床、工量刃具、场地规章制度等情况，编制生产计划、模具零件加工工艺、模具装配工艺、注射成型工艺，并将其报车间主管审批。根据零件图、装配图、工艺卡要求，领用材料，准备工量刃具，使用各类机床加工模具零件后，进行模具装配与调试，在过程中检测零件加工精度和装配精度。定期检查工作进度并填写工作进度表，试模后对制件进行检测，并填写试模报告表。将模具及塑料线圈骨架制件交车间主管按验收单进行验收，合格后交付模具。 制作过程中，模具工应严格遵守安全生产制度、8S 管理规定。	60

教学实施建议

1. 教学组织方式方法建议

采用行动导向的教学方法。为确保教学安全，增强教学效果，建议采用分组教学的形式（2~3 人/组）；在完成工作任务的过程中，教师需加强示范与指导，合理融入思政课程，注重学生规范操作和职业素养的培养。

2. 教学资源配备建议

（1）教学场地

侧向分型塑料模具制作一体化学习工作站须具备良好的安全、照明和通风条件，可分为集中教学区、分组教学区、信息检索区、工具存放区和成果展示区，并配备相应的多媒体教学设备、压缩空气供给系统等设施，面积以至少同时容纳 35 人开展教学活动为宜。

（2）工具、材料、设备（按组配置）

通用工具（套筒扳手、梅花扳手、呆扳手、活动扳手、扭矩扳手、内六角扳手、十字旋具、一字旋具、铜棒、锤子、钢丝钳等）、量具（游标卡尺、千分尺、百分表等）、刀具（车刀、铣刀、麻花钻、铰刀、锉刀、刮刀等）；塑料原料、模具坯料、模具标准件、清洗液、润滑油、润滑脂、周转箱、钢丝、棉布、研磨膏、砂布、显示剂、脱模剂等；车床、铣床、钻床、磨床、数控车床、数控铣床、计算机、数控电火花线切割机床、数控电火花成形机床、热处理设备、注塑机、三坐标测量机等。

（3）教学资料

以工作页为主，配备教材、注塑机使用说明书、模具制造手册等教学资料。

教学考核要求

采用过程性考核和终结性考核相结合的方式。

1. 过程性考核

采用自我评价、小组评价和教师评价相结合的方法进行考核；让学生学会自我评价，教师要善于观察学生的学习过程，结合学生的自我评价、小组评价进行总评并提出改进建议。

（1）课堂考核：考核出勤、学习态度、课堂纪律、小组合作与展示等情况。

（2）作业考核：考核工作页的完成、课后练习等情况。

（3）阶段考核：书面测试、实操测试、口述测试。

2. 终结性考核

学生根据情境描述中的要求，识读模具零件图及装配图、工艺卡，领用材料，准备工量刃具，加工模具零件后，进行模具装配与调试，制作完成的模具应符合交付使用要求。

考核任务案例：塑料杯托侧向分型塑料模具制作。

【情境描述】

某企业接到一份加工 35 万件塑料杯托的订单。企业设计部门已经完成塑料杯托侧向分型塑料模具的设计，现车间主管安排模具工按图样要求制作这套侧向分型塑料模具，使用制作完成的模具能够注射成型符合技术要求的产品。

【任务要求】

根据任务情境描述，在规定的时间内，完成塑料杯托模具零件的加工和模具装配、调试。

（1）根据塑料杯托产品零件图、模具零件图、模具装配图，编制注射成型工艺、模具零件加工工艺、模具装配工艺。

（2）使用钳加工方法、普通机床加工方法、数控机床加工方法等加工出合格的模具零件。

（3）按照模具装配工艺进行模具装配，并在注塑机上调试模具，填写试模报告表。

（4）总结此次的模具制作工作在哪些方面还可以改进，并说明理由。

【参考资料】

完成上述任务时，可以使用常见参考资料，如专业教材、注塑机使用说明书、模具制造手册、个人笔记等。

（十二）模具智能制造课程标准

工学一体化课程名称		模具智能制造	基准学时	120

典型工作任务描述

智能制造技术集自动化技术、信息技术和制作加工技术于一体，把以往企业中相互孤立的工程设计、制造、经营管理等过程，在计算机及其软件和数据库的支持下，构成一个覆盖整个企业的有机系统。

模具加工工艺复杂，并且使用的设备也非常多，产品品种繁多，交货期短，属于小批量加工生产，在模具制造企业中应用智能制造技术，可以大大提高模具的生产效率，满足市场对模具产品多样化、小批量生产的需求，对提高模具制造企业的市场竞争力具有重要意义。

模具工从车间主管处接受模具制作任务，根据任务要求制订构建智能制造系统工作计划，并交由车间主管审批，根据模具制造的要求对车间内的计算机、数控机床、工业机器人等智能制造单元进行合理布局，依据工艺卡领用材料并调试物料传输设备，安装、校准智能夹具，运行制造系统并监测整个制造过程，根据在线检测的数据调整加工参数以保证加工质量，最后将模具交车间主管进行验收，验收合格后交付模具。

在模具的智能制造过程中，模具工应严格按工艺卡与操作规程进行加工，遵守安全生产制度，生产过程中产生的废料、废水与废油等按环保管理制度处理，执行企业 8S 管理规定。

工作内容分析

工作对象：	工具、材料、设备与资料：	工作要求：
1. 模具制造任务单的分析； 2. 模具制造工艺的制定和生产计划的制订； 3. 模具制造工艺和生产计划的呈报； 4. 模具制造所需物品的领用； 5. 模具零件的加工与模具的装配； 6. 智能制造设备的维护保养； 7. 物品的归置。	1. 工具：通用工具、模具零件加工专用工具、量具（游标卡尺、千分尺、游标万能角度尺、百分表等）、刀具（车刀、铣刀、麻花钻、铰刀、丝锥等）、辅具（压板、垫铁、气枪等）； 2. 材料：塑料原料、金属原料、清洗液、模具坯料、模具标准件等； 3. 设备：车床、铣床、钻床、磨床、数控车床、数控铣床、数控电火花线切割机床、数控电火花成型机床、快速成型设备、物料传输设备、物料存储设备、信息传输设备、自动控制设备、压力机、注塑机、三坐标测量机等； 4. 资料：任务单、模具零件图、模具装配图、模具制造手册、模具标准手册、设备使用说明书、工作计划模板等。 **工作方法：** 模具智能制造方法、模具质量分析法等。 **劳动组织方式：** 从车间主管处领取工作任务，制订构建智能制造系统工作计划，依据工艺卡领用材料并调试物料传输设备，安装、校准智能夹具，运行智能制造系统并监控整个制造过程，根据在线检测的数据调整加工参数以保证加工质量，最后将模具交车间主管进行验收，验收合格后交付模具。	1. 能准确分析模具制造任务单，明确工作内容和要求； 2. 能依据产品零件图、模具零件图、模具装配图等图样和模具智能制造系统条件等，完成制造工艺分析，填写工艺卡和生产计划单； 3. 能按照相关审核制度将模具制造工艺与生产计划报车间主管审批； 4. 能依据批准后的工艺卡，填写工量具准备清单，领用所需的标准件、工具、量具、刀具和材料； 5. 能依据工艺卡，运用智能制造系统进行零件加工与检测，并完成模具装配； 6. 能对新制造的模具进行试模，分析制件质量，采取相应模具调整措施； 7. 能将模具及制件交车间主管按验收单进行验收，合格后交付模具； 8. 能依据智能制造系统使用制度进行维护保养工作，按照现场管理规范清理场地、归置物品，按照环保管理制度处理废油液等废弃物并填写工作记录单； 9. 能定期检查工作进度并填写工作进度表。

课程目标

学习完本课程后，学生应能胜任模具智能制造工作，包括：

1. 能准确分析模具制造任务单，明确工作内容和要求。

2. 能依据产品零件图、模具零件图、模具装配图等图样和模具智能制造系统条件等，完成制造工艺分析，填写工艺卡和生产计划单。

3. 能按照相关审核制度将模具制造工艺与生产计划报车间主管审批。

4. 能依据批准后的工艺卡，填写工量具准备清单，领用所需的标准件、工具、量具、刀具和材料。

5. 能依据工艺卡，运用智能制造系统进行零件加工与检测，并完成模具装配。

6. 能对新制造的模具进行试模，分析制件质量，采取相应模具调整措施。

7. 能将模具及制件交车间主管按验收单进行验收，合格后交付模具。

8. 能依据智能制造系统使用制度进行维护保养工作，按照现场管理规范清理场地、归置物品，按照环保管理制度处理废油液等废弃物并填写工作记录单。

9. 能定期检查工作进度并填写工作进度表。

10. 能在工作过程中，进行资料收集、整合，团结协作，利用多媒体设备和专业术语展示工作成果。

学习内容

本课程的主要学习内容包括：

一、模具智能制造任务单、模具图样的分析及资料查阅

实践知识：模具智能制造任务单的识读，模具图样分析；模具制造手册、设备使用说明书、模具智能制造技术、模具智能制造案例等资料收集、查阅。

理论知识：模具智能制造任务单的识读方法；模具零件图、装配图的识读方法；智能制造概念、发展历史及趋势、特征等；模具智能制造系统条件；CAD/CAM 技术的概念、发展历史及趋势、模具智能制造的运用现状等；模具智能制造相关案例。

二、模具智能制造方案的制定

实践知识：制定模具智能制造工艺；制订模具智能制造工作计划；模具零件与装配技术要求分析；工具、材料、设备的选择；常用设施选择；模具智能制造方案撰写。

理论知识：模具智能制造工艺分析方法；模具智能制造工艺卡的填写方法；智能制造系统控制方法；模具智能制造工作计划制订方法；模具智能制造前期准备工作内容；模具智能制造相关知识。

三、模具智能制造方案的审核确认

实践知识：模具智能制造方案汇报；课件制作与演示；模具智能制造方案合理性判断；方案优化。

理论知识：模具材料特性；模具智能制造方案选择依据；汇报型课件的内容、结构与排版相关知识。

四、模具智能制造

实践知识：领料单的填写；工量辅具、刀具、夹具、坯料领取和使用；CAD/CAM 软件的操作；智能制造系统的监控和管理系统、刀具系统、物料系统等各子系统的操作；模具零件的检测；零件加工检测数据填写；模具装配工艺卡的识读；模具零件的装配；模具智能制造工作记录单的填写。

理论知识：模具智能制造方法和加工工艺；加工类型的选择方法；模具智能制造加工方式确定方法；常用量具的检测方法；零件加工检测数据填写方法；零件误差分析与计算方法；工作记录单的填写方法。

五、模具试模与调整

实践知识：按规范吊装模具；压力机的使用；压力机参数选择；制件材料选用；制件精度检测及加工质量分析；模具调整。

理论知识：压力机安全操作规程；模具吊装注意事项；压力机的使用方法；压力机参数选择原则；制件材料分类及特点；制件质量控制方法；模具调整方法。

六、模具质量评估、验收及技术资料归档

实践知识：规范填写模具智能制造质量评审表；模具的规范放置；与车间主管沟通完成产品的交接；与车间主管沟通完成模具智能制造资料的提交与存档；填写模具智能制造验收单；智能制造系统的维护保养；按照环保管理制度处理废油液等废弃物并填写工作记录单；根据8S管理规定，整理整顿工作现场。

理论知识：模具智能制造验收标准及验收方法；智能制造系统的维护保养制度和方法；资料存档方法；产品交接流程；处理废油液等废弃物的相关环保要求。

七、通用能力、职业素养、思政素养

自主学习、自我管理、信息检索、理解与表达、交往与合作、创新思维、解决问题等通用能力，安全意识、质量意识、规范意识、效率意识、成本意识、环保意识、市场意识、服务意识等职业素养，以及劳模精神、劳动精神、工匠精神等思政素养。

参考性学习任务			
序号	名称	学习任务描述	参考学时
1	冷冲压模具智能制造	某企业接到一份加工100万件金属文件夹的生产订单。企业设计部门针对该产品外观工艺特征，设计了一套冷冲压模具。现车间主管要求模具制造组（2~3人）按图样要求运用智能制造系统生产这套冷冲压模具。 模具工从车间主管处接受冷冲压模具制作任务，阅读任务单、模具零件图及装配图，分析模具结构，明确任务要求，明确模具零件材料、机床、工量刃具、场地规章制度等情况，编制生产计划、模具制造工艺，并将其报车间主管审批。根据零件图、装配图、工艺卡要求，领用材料，准备工量刃具，使用智能制造系统加工与检测模具零件后，进行模具装配与调试，并填写试模报告表。定期检查工作进度并填写工作进度表。模具智能制造结束后，将模具及金属文件夹制件交车间主管按验收单进行验收，合格后交付模具。 制作过程中，模具工应严格遵守安全生产制度、8S管理规定。	60
2	塑料模具智能制造	某企业接到一份加工30万件塑料汽车尾翼的生产订单。企业设计部门针对该产品外观工艺特征，设计了一套注射模。现车间主管要求模具制造组（2~3人）按图样要求运用智能制造系统生产这套注射模。	60

2	塑料模具智能制造	模具工从车间主管处接受注射模制作任务，阅读任务单、模具零件图及装配图，分析模具结构，明确任务要求，明确模具零件材料、机床、工量刃具、场地规章制度等情况，编制生产计划、模具制造工艺，并将其报车间主管审批。根据零件图、装配图、工艺卡要求，领用材料，准备工量刃具，使用智能制造系统加工与检测模具零件后，进行模具装配与调试，并填写试模报告表。定期检查工作进度并填写工作进度表。模具智能制造结束后，将模具及塑料汽车尾翼制件交车间主管按验收单进行验收，合格后交付模具。 制作过程中，模具工应严格遵守安全生产制度、8S 管理规定。

教学实施建议

1. 教学组织方式方法建议

采用行动导向的教学方法。为确保教学安全，增强教学效果，建议采用分组教学形式（2~3 人 / 组）；在学生独立负责完成工作任务的过程中，教师需给予必要的引导，合理融入思政课程，注重培养学生解决复杂性、关键性和创造性问题的能力。

2. 教学资源配备建议

（1）教学场地

模具智能制造一体化学习工作站须具备良好的安全、照明和通风条件，可分为集中教学区、分组教学区、信息检索区、工具存放区和成果展示区，并配备相应的多媒体教学设备、压缩空气供给系统等设施，面积以至少同时容纳 35 人开展教学活动为宜。

（2）工具、材料、设备（按组配置）

通用工具、模具零件加工专用工具、量具（游标卡尺、千分尺、游标万能角度尺、百分表等）、刀具（车刀、铣刀、麻花钻、铰刀、丝锥等）、辅件（压板、垫铁、气枪等）；塑料原料、金属原料、清洗液、模具坯料、模具标准件等；车床、铣床、钻床、磨床、数控车床、数控铣床、数控电火花线切割机床、数控电火花成形机床、快速成型设备、物料传输设备、物料存储设备、信息传输设备、自动控制设备、压力机、注塑机、三坐标测量机等。

（3）教学资料

以工作页为主，配备教材、设备使用说明书、模具制造手册等教学资料。

教学考核要求

采用过程性考核和终结性考核相结合的方式。

1. 过程性考核

采用自我评价、小组评价和教师评价相结合的方式进行考核；让学生学会自我评价，教师要善于观察学生的学习过程，结合学生的自我评价、小组评价进行总评并提出改进建议。

（1）课堂考核：考核出勤、学习态度、课堂纪律、小组合作与展示等情况。

（2）作业考核：考核工作页的完成、课后练习等情况。

（3）阶段考核：书面测试、实操测试、口述测试。

2. 终结性考核

学生根据情境描述中的要求，运用计算机辅助设计技术完成零件的三维造型，将零件三维几何信息转化为相应的指令传输给数控系统，使用快速成型设备使材料自动地逐层堆积成所需的零件。

考核任务案例：吸尘器外壳注射模型芯零件快速成型。

【情境描述】

某企业接到吸尘器外壳注射模型芯零件的加工订单，交货周期只有 1 天，技术部门经过商量后指派模具工采用快速成型技术加工该零件。

【任务要求】

根据任务情境描述，按照企业工作规范和快速成型设备的操作规程，在 1 天内完成任务。

（1）根据吸尘器外壳注射模型芯零件的图样，完成该零件的三维造型。

（2）选用吸尘器外壳注射模型芯零件材料。

（3）利用快速成型设备完成吸尘器外壳注射模型芯零件的制作。

（4）利用三坐标测量机检测吸尘器外壳注射模型芯零件的精度。

【参考资料】

完成上述任务时，可以使用常见参考资料，如专业教材、企业工作规范、设备使用说明书、技术标准和网络资源等。

（十三）模具制造人员工作指导与技术培训课程标准

工学一体化课程名称	模具制造人员工作指导与技术培训	基准学时	120
典型工作任务描述			

模具制造人员工作指导是指模具制造技师在模具制造工作现场，对模具制造人员进行操作规范、工作流程、技术疑难和方案优化等方面的指导。模具制造人员技术培训是指模具制造技师对模具制造人员进行加工技术、装配技术及调试技术等理论知识和操作技能的培训。对模具制造人员工作指导和技术培训还包括引导其关心行业发展动态、国家建设与模具行业相关的前沿科技，培养工匠精神，指导模具制造人员的职业发展规划，使其在自身发展的同时心系祖国发展，实现技能报国。

模具制造过程中若模具制造人员素质、技术能力等方面不足，容易影响制造质量与效率，需要对其进行工作现场的过程指导或专门的技术培训，以提升其工作的规范性和技术水平，以最大限度提高客户对模具质量的满意度，实现企业效益的提升。

模具制造技师从车间主管处领取任务单，对模具制造人员在模具零件加工以及模具装配、调试与保养等过程中进行工作质量监督和技术疑难解决；通过巡视模具制造人员的工作现场，与模具制造人员进行沟通交流，检查其工作记录，判断是否符合企业工作规范，帮助其明确操作难点，解决现场产生的问题；收集现场第一手资料，归纳分析存在问题的原因，制定经济、合理的培训方案，并实施集中、针对性的技术指导；定期为模具制造人员梳理行业发展的动态、国家的伟大复兴与模具行业的关系，激发模具制造人员的爱国情怀，并指导模具制造人员进行自身的职业发展规划，实现自我发展的同时为祖国的发展尽一份力量。

对于在制造过程中普遍存在的问题，或当新模具开发后，模具制造技师按照行业企业规范和相关技术标准采取集中授课的方式对模具制造人员进行模具零件加工技术、模具装配技术及调试技术等专项培训。

工作内容分析

工作对象：	工具、材料、设备与资料：	工作要求：
1. 模具车间的现场管理； 2. 对模具制造人员的现场指导； 3. 对模具制造人员工作质量的检验； 4. 技术培训任务的确认； 5. 培训方案的制定； 6. 培训课程及资料的开发； 7. 培训的实施； 8. 培训对象的考核； 9. 与培训部门、业务部门、人力资源部门等负责人的沟通； 10. 培训总结的撰写。	1. 工具：白板、通用工具、示教板； 2. 材料：模具零部件、纸、笔、磁贴和标签纸等； 3. 设备：多媒体设备、桌椅、打印机、依据培训内容设置的工作台、教学设备； 4. 资料：模具图样、模具零件加工工艺卡、模具装配工艺卡、模具技术手册、产品说明书、设备操作规程和安全操作规范。 **工作方法：** 示范操作与讲解、小组讨论、鱼骨图分析法、头脑风暴法、案例分析法、培训质量评估法。 **劳动组织方式：** 以独立的方式进行。从车间主管处领取任务；向模具制造人员提供现场指导或技术培训服务，向车间主管提交培训总结。	1. 能通过检查模具制造人员的工作流程、工作规范及工作质量，判断其安全操作规范、工作习惯的养成和制造技术的提升情况，并做好考核记录； 2. 能根据企业工作规范和相关技术标准，检查模具制造人员的工作记录，查找并指出模具制造人员的不规范操作，记录检查中出现的问题，写出解决问题的措施； 3. 能制订培训计划，通过示范操作、讲解、小组讨论等方式方法，对模具制造人员实施针对性指导，提升其制造水平； 4. 能按照企业培训管理制度，通过小组讨论、鱼骨图、头脑风暴等方式方法，总结模具制造人员工作过程中存在的问题，以及新知识、新技术、新设备和新工艺应用需求，并写出培训需求； 5. 能分析培训对象的技术水平，根据企业实际工作安排，制定包括培训目标、对象、内容、方式方法、地点、时间、场地和实施设备需求等要素的培训方案； 6. 能在培训过程中，应用行动导向教学方法组织培训，并关注培训对象的技能等提升情况，及时调整培训进度和方式方法； 7. 能在培训结束后撰写培训总结，演示诊断过程，解说技术要点，分析学习与工作中的不足，提出改进措施，并反馈给车间主管。

课程目标

学习完本课程后，学生应能胜任模具制造人员工作指导与技术培训工作，包括：

1. 能通过检查模具制造人员的工作流程、工作规范及工作质量，判断其安全操作规范、工作习惯的养成和制造技术的提升情况，并做好考核记录。

2. 能根据企业内部工作规范和相关技术标准，检查模具制造人员的工作记录，查找并指出模具制造人员的不规范操作，记录检查中出现的问题，写出解决问题的措施。

3. 能制订培训计划，通过示范操作、讲解、小组讨论等方式方法，对模具制造人员实施针对性指导，提升其制造水平。

4. 能按照企业培训管理制度，通过小组讨论、鱼骨图、头脑风暴等方式方法，总结模具制造人员工作过程中存在的问题，以及新知识、新技术、新设备和新工艺应用需求，并写出培训需求。

5. 能分析培训对象的技术水平，根据企业实际工作安排，制定包括培训目标、对象、内容、方式方法、地点、时间、场地和实施设备需求等要素的培训方案。

6. 能在培训过程中，应用行动导向教学方法组织培训，并关注培训对象的技能等提升情况，及时调整培训进度和方式方法。

7. 能在培训结束后撰写培训总结，演示诊断过程，解说技术要点，分析学习与工作中的不足，提出改进措施，并反馈给车间主管。

8. 能及时关注模具行业的发展动态以及国家发展对模具行业的需求，并梳理总结、形成报告。

9. 能利用行业发展的动态以及国家发展对行业技术人员提出的要求激发模具制造人员的爱国情怀，激励模具制造人员心系祖国发展。

10. 能利用职业规划的基础理论与技术，结合模具行业及企业发展为模具制造人员做职业规划与发展指导，解决模具制造人员在工作中遇到的发展困惑。

学习内容

本课程的主要学习内容包括：

一、任务单的识读、对模具制造人员工作指导及资料收集

实践知识：模具制造任务单的识读；模具车间的现场管理；对模具制造人员现场指导；模具制造工作质量监督；模具制造疑难技术的解决；模具制造人员工作现场巡视；与模具制造人员现场沟通交流；检查模具制造人员工作记录；协助解决模具制造现场问题；收集模具制造中的相关问题；归纳模具制造中问题产生原因；填写考核记录单。

理论知识：模具制造任务单的识读方法；模具车间现场管理制度和管理要领；模具制造零件加工，以及模具装配、调试与保养的工艺过程；模具检测方法；模具制造工作难点；与模具制造人员现场沟通交流技巧；模具制造常见问题及解决方法；模具制造人员工作记录填写方法；模具制造人员考核记录单填写方法。

二、模具制造人员技术培训方案的制定

实践知识：制订模具制造人员技术培训计划；模具制造相关要求分析；培训对象的技术水平分析；培训时间、培训对象、培训人数、培训方法等信息的确认；培训设备、设施的选择；培训课程及培训资料的确认；模具制造人员技术培训方案的撰写。

理论知识：模具制造人员技术培训计划的制订方法；模具制造人员技术培训前期准备工作内容；培训设备、设施的选择方法；培训课程及培训资料的确认方法；模具制造人员技术培训方案撰写方法。

三、模具制造人员技术培训方案的审核确认

实践知识：与培训部门、业务部门、人力资源部门等负责人的现场沟通；模具制造人员技术培训方案汇报；汇报型课件制作与演示；模具制造人员技术培训方案的合理性判断；模具制造人员技术培训方案优化。

理论知识：与培训部门、业务部门、人力资源部门等负责人的现场沟通技巧；模具制造人员技术培训

方案汇报方法；模具制造人员技术培训方案合理性判断方法；汇报型课件的内容、结构与排版相关知识。

四、模具制造人员技术培训

实践知识：模具制造图样分析；模具制造工作中的问题分析及解决；模具制造相关案例分析；采用行动导向教学方法组织模具制造人员的技术培训；培训记录单的填写。

理论知识：模具制造图样分析方法及重要信息捕捉方式；模具制造工作中的问题收集方法；模具制造相关案例分析方法；行动导向教学方法；培训记录单的填写方法。

五、模具制造人员技术培训调整及改进

实践知识：企业实际工作情况收集；培训对象学习情况调查；培训方式的调整和试用；培训进度调整和改进。

理论知识：企业实际工作情况；培训情况调查方法；培训方式的调整和试用方法。

六、模具制造人员技术培训质量评估及技术资料归档

实践知识：培训内容总结；培训技术要点解说；培训考核情况分析；培训质量评估表的填写；培训工作总结撰写；提出培训改进措施；向车间主管反馈培训情况。

理论知识：培训技术要点提炼方法；培训考核情况分析方法；培训质量评估表的填写方法；培训工作总结撰写要点和要求；向车间主管反馈培训情况的沟通技巧。

七、通用能力、职业素养、思政素养

自主学习、自我管理、信息检索、理解与表达、交往与合作、创新思维、解决问题等通用能力，安全意识、质量意识、规范意识、效率意识、成本意识、环保意识、市场意识、服务意识等职业素养，以及劳模精神、劳动精神、工匠精神等思政素养。

参考性学习任务

序号	名称	学习任务描述	参考学时
1	模具制造现场技术指导	某模具制造企业制造车间有若干名模具工，为了做好生产质量监控，需要模具制造技师对模具工工作过程的操作规范、工作流程、技术疑难与方案优化进行现场指导，以保证工作质量，消除安全隐患。 　　模具制造技师从车间主管处领取任务单，根据企业工作规范和管理制度，对模具工进行模具零件加工，以及模具装配、调试与保养等过程质量监督和技术疑难解决；通过巡视模具工的工作现场，检验模具工的工作流程、工作规范及工作质量，判断其是否遵守操作规范、具有做好安全防护措施的工作习惯；通过与模具工进行现场沟通交流，检查其工作记录，明确操作难点，帮助其解决现场产生的疑难问题，并检查其纠错情况；收集现场第一手资料，归纳出现的问题，分析存在的原因，制定合理的方案，采取现场讲解、示范操作、小组研讨等方式方法对现场产生的典型问题进行针对性的集	40

1	模具制造现场技术指导	中技术指导；利用各种大会、小会，以一定的时间周期将行业发展动态、国家发展需求等向模具工进行宣传，激发模具工的责任心和爱国情怀；在现场指导过程中，及时了解模具工的思想动态，对模具工遇到的职业发展困惑进行及时疏导，并结合企业的发展指导模具工进行职业发展规划；撰写工作总结，并提交车间主管审核。	
2	模具制造工艺培训	模具制造企业不断根据客户的要求开发新模具，为了保证模具顺利开发，需对模具工进行技术培训，通常由模具制造技师负责，培训内容主要有新开发模具的结构特征、制造工艺的编制、加工要点、装配要领及注意事项等。 模具制造技师从车间主管处领取任务单，制订培训计划，制定培训方案，并与人力资源部门和生产部门共同分析方案的可实施性；根据培训方案确定培训内容、明确培训方式及布置培训场地，在培训过程中检查学员学习进度，及时调整培训进度和方式方法；在培训结束后撰写培训总结，演示诊断过程，解说技术要点，分析学习与工作中的不足，提出改进措施，并反馈给车间主管。	40
3	模具制造典型案例技术培训	模具制造技师在工作过程中会遇到一些比较典型的制造案例，通过对加工、装配与调试过程进行总结，与模具工分享经验，能有效提高模具工的制造能力。当在工作过程中出现典型案例时，需要及时进行更广范围的交流，及时组织培训交流活动。 模具制造技师对工作中收集的素材进行整理，制作培训资料；确定参加培训交流活动的人员，组织、实施培训交流活动。活动完成后，进行评价与总结。对于有推广价值的案例或做法，可以制作成技术通报或工作指导文件加以推广。	40

教学实施建议

1. 教学组织方式方法建议

采用行动导向的教学方法。为确保教学安全，增强教学效果，建议采用分组教学形式（4～5人/组）；在学生独立负责完成工作任务的过程中，教师需给予必要的引导，合理融入思政课程，注重培养学生解决复杂性、关键性和创造性问题的能力。

2. 教学资源配备建议

（1）教学场地

模具制造人员工作指导与技术培训一体化学习工作站须具备良好的安全、照明和通风条件，可分为集中教学区、分组教学区、信息检索区、工具存放区和成果展示区，并配备相应的多媒体教学设备等，面积以至少同时容纳35人开展教学活动为宜。

（2）工具、材料、设备

按组配备培训白板、模具零部件、纸笔、多媒体设备、打印机等。

（3）教学资料

以工作页为主，配备教材、相关案例、行业企业标准、产品说明书等教学资料。

教学考核要求

采用过程性考核和终结性考核相结合的方式。

1. 过程性考核

采用自我评价、小组评价和教师评价相结合的方式进行考核；让学生学会自我评价，教师要善于观察学生的学习过程，结合学生的自我评价、小组评价进行总评并提出改进建议。

（1）课堂考核：考核出勤、学习态度、课堂纪律、小组合作与展示等情况。

（2）作业考核：考核工作页的完成、课后练习等情况。

（3）阶段考核：书面测试、实操测试、口述测试。

2. 终结性考核

学生根据情境描述中的要求，运用多种方式方法收集资料与素材，制订培训计划，制定培训方案，并按相关标准规范，在规定的时间内完成相关任务，同时在培训结束之后应能撰写相应的总结报告并具备技术指导和研讨能力。

考核任务案例：某企业新招聘模具工技术培训。

【情境描述】

某企业因工作需要新招聘 15 名模具工，为使他们尽快熟悉企业管理制度，明确模具加工工艺等，车间主管要求模具制造技师组织技术培训。

【任务要求】

根据任务情境描述，按照正在进行的项目情况和企业工作规范，在 4 天内完成任务。

（1）根据培训任务，制定培训方案，包括构建培训环境和制订培训计划。

（2）收集相关资料，开发培训课件，制作一份模具工的学习资料。

（3）根据培训方案，制作一个 10 分钟的微课视频，并做简要解说。

（4）总结本次任务经验，撰写培训总结报告及工作体会。

【参考资料】

完成上述任务时，可以使用常见参考资料，如专业教材、培训课程资料、企业工作规范、技术标准、培训方案模板和网络资源等。

六、实施建议

（一）师资队伍

1. 师资队伍结构。应配备一支与培养规模、培养层级和课程设置相适应的业务精湛、素质优良、专兼结合的工学一体化教师队伍。中、高级技能层级的师生比不低于 1：20，兼职教师人数不得超过教师总数的三分之一，具有企业实践经验的教师应占教师总数的 20%

以上；预备技师（技师）层级的师生比不低于 1：18，兼职教师人数不得超过教师总数的三分之一，具有企业实践经验的教师应占教师总数的 25% 以上。

2. 师资资质要求。教师应符合国家规定的学历要求并具备相应的教师资格。承担中、高级技能层级工学一体化课程教学任务的教师应具备高级及以上职业技能等级；承担预备技师（技师）层级工学一体化课程教学任务的教师应具备技师及以上职业技能等级。

3. 师资素质要求。教师思想政治素质和职业素养应符合《中华人民共和国教师法》和教师职业行为准则等要求。

4. 师资能力要求。承担工学一体化课程教学任务的教师应具有独立完成工学一体化课程相应学习任务的工作实践能力。三级工学一体化教师应具备工学一体化课程教学实施、工学一体化课程考核实施、教学场所使用管理等能力；二级工学一体化教师应具备工学一体化学习任务分析与策划、工学一体化学习任务考核设计、工学一体化学习任务教学资源开发、工学一体化示范课设计与实施等能力；一级工学一体化教师应具备工学一体化课程标准转化与设计、工学一体化课程考核方案设计、工学一体化教师教学工作指导等能力。一级、二级、三级工学一体化教师比以 1：3：6 为宜。

（二）场地设备

教学场地应满足培养要求中规定的典型工作任务实施和相应工学一体化课程教学的环境及设备、设施要求，同时应保证教学场地具备良好的安全、照明及通风条件。其中校内教学场地和设备、设施应能支持资料查阅、教师授课、小组研讨、任务实施、成果展示等活动的开展；企业实训基地应具备工作任务实践与技术培训等功能。

其中，校内教学场地和设备、设施应按照不同层级技能人才培养要求中规定的典型工作任务实施要求和工学一体化课程教学需要进行配置。具体包括如下要求：

1. 实施模具零件钳加工、模具装调与维修保养工学一体化课程的学习工作站，应配备台钻、压力机、注塑机等设备，压缩空气供给系统、桌椅等设施，通用工具（锯弓、铰杠等）、量具（游标卡尺、千分尺、游标万能角度尺、刀口形直角尺、游标高度卡尺、百分表等）、刀具（锉刀、麻花钻、锯条、铰刀、丝锥等）、辅具（压板、垫铁、圆柱销、气枪等）、材料（模具坯料、清洗液、润滑油）等工具、材料，以及投影仪、多功能教学一体机等多媒体教学设备。

2. 实施单工序冷冲压模具制作、复合冷冲压模具制作、多工位冷冲压模具制作工学一体化课程的学习工作站，应配备车床、铣床、磨床、钻床、数控铣床、数控电火花线切割机床、压力机等设备，压缩空气供给系统、桌椅等设施，通用工具（锯弓、铰杠等）、量具（游标卡尺、千分尺、游标万能角度尺、百分表等）、刀具（车刀、铣刀、麻花钻、铰刀、丝锥、锉刀、刮刀等）、辅具（压板、垫铁、气枪等）、材料（金属原料、模具坯料、模具标准件、清洗液、润滑油）等工具、材料，以及投影仪、多功能教学一体机等多媒体教学设备。

3. 实施模具零件普通机床加工、模具零件数控机床加工、单分型面塑料模具制作、双分型面塑料模具制作、侧向分型塑料模具制作、模具智能制造工学一体化课程的学习工作站，应配备车床、铣床、磨床、数控车床、数控铣床（或加工中心）、数控电火花成形机床、注塑机、三坐标测量机等设备，压缩空气供给系统、桌椅等设施，通用工具（套筒扳手、梅花扳手、呆扳手、活动扳手、扭矩扳手、内六角扳手、十字旋具、一字旋具、铜棒、锤子、钢丝钳等）、量具（游标卡尺、千分尺、游标万能角度尺、百分表等）、刀具（车刀、铣刀、麻花钻、铰刀、丝锥、锉刀、刮刀等）、辅具（压板、垫铁、气枪等）、材料（塑料原料、模具坯料、模具标准件、清洗液、润滑油）等工具、材料，以及投影仪、多功能教学一体机等多媒体教学设备。

4. 实施模具制作成本估算、模具制造人员工作指导与技术培训工学一体化课程的学习工作站，应具备良好的安全、照明和通风条件，可以分为集中教学区、分组教学区、信息检索区、工具存放区和成果展示区，并配备计算机、打印机等设备，白板、磁贴等工具、材料。实习场地以面积约为 $100\ m^2$ 的一体化教室为宜。

上述学习工作站建议每个工位以 6 人学习与工作的标准进行配置。

（三）教学资源

教学资源应按照培养要求中规定的典型工作任务实施要求和工学一体化课程教学需要进行配置。具体包括如下要求：

实施模具零件钳加工、模具零件普通机床加工、模具零件数控机床加工、单工序冷冲压模具制作、单分型面塑料模具制作、复合冷冲压模具制作、双分型面塑料模具制作、模具装调与维修保养、模具制作成本估算、多工位冷冲压模具制作、侧向分型塑料模具制作、模具智能制造、模具制造人员工作指导与技术培训工学一体化课程宜配置相应的教材及相应的工作页、信息页、教学课件、操作规程、典型案例、技术规范、技术标准和数字化资源等。

（四）教学管理制度

本专业应根据培养模式提出的培养机制实施要求和不同层级运行机制需要，建立有效的教学管理制度，包括学生学籍管理、专业与课程管理、师资队伍管理、教学运行管理、教学安全管理、岗位实习管理、学生成绩管理等文件。其中，中级技能层级的教学运行管理宜采用"学校为主、企业为辅"校企合作运行机制；高级技能层级的教学运行管理宜采用"校企双元、人才共育"校企合作运行机制；预备技师（技师）层级的教学运行管理宜采用"企业为主、学校为辅"校企合作运行机制。

七、考核与评价

（一）综合职业能力评价

本专业可根据不同层级技能人才培养目标及要求，科学设计综合职业能力评价方案并对学生开展综合职业能力评价。评价时应遵循技能评价的情境原则，让学生完成源于真实工作的案例性任务，通过对其工作行为、工作过程和工作成果的观察分析，评价学生的工作能力和工作态度。

评价题目应来源于本职业（岗位或岗位群）的典型工作任务，是通过对从业人员实际工作内容、过程、方法和结果的提炼概括形成的具有普遍性、稳定性和持续性的工作项目。题目可包括仿真模拟、客观题、真实性测试等多种类型，并可借鉴职业能力测评项目以及世界技能大赛项目的设计和评估方式。

（二）职业技能评价

本专业的职业技能评价应按照现行职业资格评价或职业技能等级认定的相关规定执行。中级技能层级宜取得模具工四级／中级工职业技能等级证书；高级技能层级宜取得模具工三级／高级工职业技能等级证书；预备技师（技师）层级宜取得模具工二级／技师职业技能等级证书。

（三）毕业生就业质量分析

本专业应对毕业后就业一段时间（毕业半年、毕业一年等）的毕业生开展就业质量调查，宜从毕业生规模、性别、培养层次、持证比例等多维度分析毕业生总体就业率、专业对口就业率、稳定就业率、就业行业岗位分布、就业地区分布、薪酬待遇水平以及用人单位满意度等。通过开展毕业生就业质量分析，持续提升本专业建设水平。

责任编辑　马文睿
责任校对　薛宝丽
责任设计　郭　艳

ISBN 978-7-5167-6208-0

9 787516 762080 >

定价：18.00 元

机床切削加工（车工）专业

国家技能人才培养
工学一体化课程标准

人力资源社会保障部

中国劳动社会保障出版社